費曼物理學講義 I
力學、輻射與熱
4 光學與輻射

The Feynman Lectures on Physics
The New Millennium Edition
Volume 1

By Richard P. Feynman,
Robert B. Leighton, Matthew Sands

田靜如　譯
高涌泉　審訂

The Feynman

費曼物理學講義　I
力學、輻射與熱

4 光學與輻射

目錄

第36章

視覺的機制　　　　251

The Feynman

費曼物理學講義 I
力學、輻射與熱

目錄

1 基本觀念

2　力學

中文版前言

3 旋轉與振盪

4 光學與輻射

The Feynman

第26章

光學：最短時間原理

26-1 光

這一章揭開了接下來幾章的主題 —— **電磁輻射**（electromagnetic radiation）。讓我們能夠看見東西的光，只是廣闊光譜中的一小部分。光譜中各個不同段落是按某一個量的值來區別。這個變化的量稱為「波長」。

可見光譜中隨著波長的改變，光的顏色看起來是從紅色轉變到紫色的。假如我們從長波長到短波長，有系統的探討光譜，我們會先碰到通常所謂的**無線電波**。無線電波其實涵蓋的波長範圍很廣，有些甚至比平常廣播用的波長還要長；平常廣播的波長大約相當於 500 公尺。然後接著是所謂的「短波」，也就是雷達波、毫米波等等。從一個波長區段到另外一個波長區段之間並沒有實際的界限，因為大自然並沒有展現清楚的邊界。對某個名稱的那些波來說，波長的值只是大概而已，當然，我們給不同波段取的名稱也只是大致如此。

經過一大段的毫米波區，我們來到了所謂的紅外線區段，之後進入可見光譜。然後向短波長繼續前進，我們就來到了稱做**紫外線**的區域。而在紫外線區結束的地方，就是 x 射線區的開始，但是我們不能精確界定在哪裡；大約是在 10^{-8} 公尺，也就是 10^{-2} 微米附近。隨著波長愈來愈小，先是「軟」x 射線；而後是一般的 x 射線和硬 x 射線；再接下去是 γ 射線等等。

在這麼廣泛的波長範圍內，有三個或更多的大致區段特別讓人感到有興趣。其中一區涉及到的波長，與用來研究它們的儀器之大小相比較，顯得非常小；而且，利用量子論得到的光子能量小於測量能量的儀器之靈敏度。在這種情況下，我們能夠用**幾何光學**的方

法，大概計算出初階近似值。

　　另一種情況，假如波長與儀器的大小相當（這一點對可見光來說比較難以安排，但是對無線電波則較容易），而且如果光子的能量仍然小到可以忽略的地步，那麼就可用某種近似方法來研究波的行為，而不必考慮量子力學。這方法以**古典電磁輻射理論**為基礎，這部分留待以後的章節再討論。

　　接著來看波長極短的區段，在此我們可以忽略波的特性，然而與我們儀器的靈敏度相比，光子具有非常**大**的能量，那麼問題又變得簡單了。這就是簡單**光子**觀念，目前我們只能夠大略的描述。統合以上各種初步近似觀念的單一完備模型，還要很久才會實現。

　　這一章所討論的只限於幾何光學的區段，可忽略光的波長與光子的特性，留待適當的時候再來解釋它們。我們甚至不必考慮什麼**是**光，而只是找出比波長大很多的尺度下**光的行為**。所有這些條件必須交待清楚以強調一個事實，即我們將要討論的只是非常粗略的近似情況而已；本書有若干章的內容，以後必須要「修正」，本章就是其中之一。然而我們很快會修正，因為幾乎馬上就會學到更精確的方法。

　　雖然幾何光學只是一種近似方法，但是在技術上它還是非常重要，並且具有歷史價值。比起其他主題，我們將會提供較多的歷史依據，以幫助瞭解物理定律或物理觀念的發展過程。

　　首先，每個人當然對光都很熟悉，而且是自原始時代就知道了。現在的問題是，經過怎樣的步驟我們**看到**光？關於這一點曾經有許多理論，但最後剩一個廣為接受，那就是有某樣東西進入了我們的眼睛，它從物體上反射進入眼睛。這種說法聽久，大家就接受了，以致我們幾乎沒有辦法瞭解，為什麼曾經有非常聰明的人會提出相反的理論，例如說是某種東西從我們的眼睛跑出來，去感受物體。

　　還有一些非常重要的觀察心得，比如光從一個位置到達另外一個位置，如果沒有東西擋住，光走的是**直線**，並且光線似乎不會互相干擾。那就是說，房間中的光線是從各個方向穿過、互相交叉，但是穿越過我們視線的光線，不會影響從其他物體來到我們眼睛的光線。這曾經是惠更斯（Christiaan Huygens）用來反駁微粒說（corpuscular theory）非常有力的論點：如果光真的如同許多箭射出來，那麼為什麼其他的箭那麼容易穿過它們？這種哲學性的辯論意義不大。任何人都可以說，光的成分是能夠彼此穿越的箭！

26-2 反射與折射

　　上面的討論已足夠說明幾何光學基本**觀念**。現在我們必須進一步來討論光的定量特性。到目前為止，我們只知道光在兩點之間直線進行；現在讓我們來研究一下當光碰到各種物質時的行為。

　　最簡單的東西是一面鏡子，而鏡子的定律是，當光碰到鏡子時，無法繼續直線前進，而是在鏡子反射，走另外一條新的直線路徑，當我們改變鏡子的傾斜角度時，這條新直線也跟著改變。古代人探討的問題是，這兩個角度之間有什麼關係？這個關係非常簡單，很早以前就發現了。光行進碰到鏡子，與它被鏡面反彈回來，這兩條路線與鏡子之間所形成的角度相等。為了某種原因，通常我們會從垂直於鏡面的法線，來測量這兩個角度。因此所謂的反射定律就是

$$\theta_i = \theta_r \qquad (26.1)$$

以上是很簡單的論點。但是當光線從一個介質進到另外一個介質時，例如從空氣進入水中，這個問題就比較困難了；而且我們看到

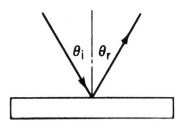

<u>圖 26-1</u>　入射角度與反射角相等。

光的行進路線並非直線。水中的光線與光在空氣中的路徑有個角度。如果我們改變角度 θ_i，使光進入第二個介質時更接近垂直，那麼這個「接合處」的角度不會太大。但是假如我們讓光線傾斜成一個較大的角度，那麼這個偏差角度會變得非常大。

問題是，光線入射的角度相對於另外一個角度的關係是什麼？這個也曾經讓古代的人困惑了很久，而且他們一直沒有找到答案！

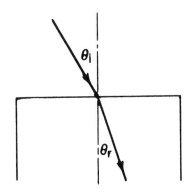

<u>圖 26-2</u>　光線從一個介質進入另一個介質的折射情形。

　　然而，古希臘物理學流傳下來僅有的少數實驗結果中，托勒密（Claudius Ptolemy）曾製表列出，對應於若干空氣中入射角，水中角度各是多少。表 26-1 中列出在空氣中的角度，以度為單位，以及在水中測量的對應角度。（大家總是說，古希臘科學家從來沒有做過任何實驗。但是若不知道正確定律，就不可能得到表中數值，除非做實驗。不過，應該注意的是，這些數字也不代表每個角度都是個別仔細測量到的，其實有些數字是從某幾個測量數據中內插而獲得的，因為它們構成一條完美的拋物線。）

　　在物理定律的發展上，這正是一個重要的步驟：首先我們觀察某個效應，然後進行測量，並且列成表格；接著找出其中的**規則**。表 26-1 中的數字是在西元 140 年時做出來的，但是一直到 1621 年才有人終於找出規則，把兩個角度連在一起！這是由荷蘭的數學家司乃耳（Willebrord Snell）所發現的，規則是：假如 θ_i 是空氣中的角度，而 θ_r 是水中的角度，結果 θ_i 的正弦等於一個常數乘上 θ_r 的正弦：

$$\sin \theta_i = n \sin \theta_r \tag{26.2}$$

表 26-1

空氣中角度	水中角度
10°	8°
20°	15.5°
30°	22.5°
40°	29°
50°	35°
60°	40.5°
70°	45.5°
80°	50°

對水來說，n 值大約是 1.33 。(26.2) 式稱爲**司乃耳定律**（Snell's Law），這個定律讓我們能夠**預測**光線從空氣進入水中時會如何轉向。表 26-2 是根據司乃耳定律所得到的空氣中與水中的角度。注意到沒有，它和托勒密的表是多麼的吻合。

表 26-2

空氣中角度	水中角度
10°	7.5°
20°	15°
30°	22°
40°	29°
50°	35°
60°	40.5°
70°	45°
80°	48°

26-3 費馬的最短時間原理

科學欲進一步發展，光有公式是不足夠的。我們先觀察，然後測量數據，接下來我們得到定律，把所有的數據綜合在一起。但是，科學**了不起的地方**在於，**我們能夠找到一種觀念，讓這個定律很容易懂**。

最早讓我們搞懂光運作定律的觀念來自費馬（Pierre de Fermat），時間是 1650 年左右。這觀念稱爲**最短時間原理**（principle of least time），又稱**費馬原理**。他的觀念是：從一點到另外一點，在所有可能的路徑中，光採取**需時最短**的路徑。

我們首先來證明，針對鏡子，這原理是成立的，也就是說這個

簡單的原理中包含了直線傳播定律與鏡子的定律。這麼一來,我們理解的範圍在擴大!讓我們嘗試找出下面問題的解答。圖 26-3 顯示出 A 與 B 兩點,以及一面鏡子 MM'。從 A 到 B,哪一條路徑所需要的時間最短?答案是從 A 到 B 的**直線**!

但是如果我們多一條規則,光線必須**碰到鏡子**又折回來,時間最短的路徑是哪一條,這答案就不那麼容易了。一個方法是,用最快的速度先到達鏡子,然後再到 B,路徑是 ADB。當然,我們的路徑 BD 很長。假如我們把到達鏡子的位置向右稍微移動一點,到了 E,第一段距離稍微增加一些,但是大幅減少了第二段距離,總路徑的長度縮短了,因此行進的時間跟著減少。我們怎樣找到需要的時間最短的點 C?應用幾何技巧,很容易就可以找到。

我們在 MM' 的另一側設一虛點 B',它離 MM' 平面的距離與 MM' 平面到 B 點的距離相等。然後我們畫一條線 EB'。因為 BFM 是直角,且 BF = FB',因此 EB 等於 EB'。假設光以等速行進,這兩個距離的和, AE + EB ,與所需要的時間成正比,同時也是 AE

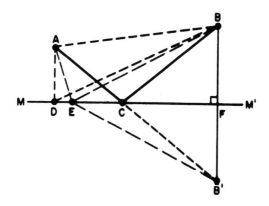

圖 26-3　最短時間原理之示意圖

+ EB' 兩段長度的和。因此問題變成，什麼時候這兩個長度的和會是最小？答案很容易：當光線經過 C 點，從 A 到 B' 成一直線的時候！換句話說，我們必須找到一點，從那裡我們可以直達虛點，那個點就是正確的位置。現在如果 ACB' 成一直線，且角 BCF 等於角 $B'CF$，因此也等於角 ACM。所以「入射角度等於反射角」的說法，相當於說，光行進到鏡子然後折回到 B 點，會在**最短可能時間**內完成。

最初，這個說法出自於希羅（Hero of Alexandria，活躍於西元第一世紀的古希臘數學家），他認為，光以最短**距離**的方式朝鏡子行進，然後到達另外一點，所以說，這稱不上是現代的理論。正是這個說法啟發了費馬，讓他想到，或許折射也是基於這個原理。但是對折射來說，光顯然並沒有選擇最短**距離**的路徑，所以費馬才嘗試應用最短**時間**的觀念。

在分析折射之前，針對鏡子我們應該再說明一件事。如果有一個光源在 B 點，並且把光向鏡子傳送，那麼我們所看到光從 B 點到 A 點的方式，與在**沒有**鏡子的狀況下，彷彿物體的光從 B' 點到達 A 的情況完全相同。當然眼睛只偵測得到實際進入眼睛的光，所以假如我們有一個在 B 點的物體以及一面鏡子，使得光進入眼睛的方式，就彷彿物體在 B' 點、讓光進入眼睛的方式一樣，假設眼睛和腦的系統一時不察，就會詮釋成**有**一個物體在 B' 點。以為鏡子後面**有**一個物體的錯覺，僅是因為進入眼睛的光，與鏡子後面彷彿有物體讓光進入眼睛的情況相同（除非鏡子上有汙點，或我們知道鏡子存在等等，腦子才會修正這個錯覺）。

現在，讓我們用最短時間原理來證明司乃耳折射定律。然而，我們必須假設光在水中的速率比在空氣中慢，假定是空氣中速率的 $1/n$。

看看圖 26-4，我們的問題再次回到從 A 到 B 的**最短時間**。為
說明最好的路徑應該不是只走直線，讓我們想像有一個漂亮的女孩
子從船上落水，她正在水中的 B 點喊救命，圖上標明 X 的直線是
海岸線。我們在岸上的 A 點看見了這個意外事故，我們可以跑過去
再游泳去救她，然而我們跑得比游泳要快。這時應該怎麼辦呢？我
們是不是應該沿直線過去？（當然，毫無疑問！）不過只要多花一
點腦筋，我們就會理解到，如果在陸地稍微跑長一點的距離，因而
縮短水中的距離，有其優點，因為我們在水中游泳的速度慢了很
多。（根據這個思路，我們認為要非常謹慎**計算**一下該怎樣做！）

　　總而言之，我們可以證明這個問題的最後解答是路徑 ACB，
而且這條路徑是所有可能路徑中需時最短的一條。如果它是最短的
途徑，意思就是說，任何其他路徑所花的時間會比較長。所以，假
如我們把需要的時間對 X 點的位置作圖，我們會得到像圖 26-5 中
的一條曲線，所有可能時間中，需時最短的一條途徑就對應到 C

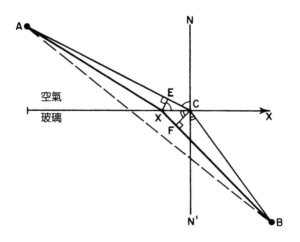

圖 26-4　用費馬原理解釋折射的示意圖

點。這是說，如果我們把 X 點移往 C 點**附近**，時間的初階近似值幾乎**沒有什麼改變**，因為曲線底端的斜率是零。所以我們找出這個定律的方法，是要考慮把位置移動非常小的距離，並且要求時間幾乎沒有改變。（時間當然會有**二階**的極小改變，從 C 無論往左往右移，時間都會有一個正值的增加。）因此我們來看附近的一點 X，同時計算經由這兩條路徑從 A 到 B，各需要多久的時間，並且把新舊路徑做個比較。這應該很容易做到。當然，如果 XC 距離很短，我們希望差異接近零。

　　首先看一看圖 26-4 中陸地上的路徑。假如我們畫一條垂直線 XE，我們可以看出來這條路徑的縮短量是 EC，也就是說我們省下的不需要走的距離。另外一方面，在水中畫一條對應的垂直線 CF，發現我們必須多游 XF 的距離，這額外時間是我們的損失。即，就**時間**來說，省下了走 EC 這段距離的時間，但是要在 XF 距離多花時間。

　　這兩個時間必須相等，因為在初階近似值中，時間不會改變。可是假若在水中的速率是在空氣中的 $1/n$，那麼我們必定會得到

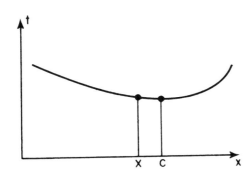

圖 26-5　C 點對應到最短時間，附近的點對應到的時間幾乎相同。

$$EC = n \cdot XF \qquad (26.3)$$

所以當我們找對了點，$XC \sin EXC = n \cdot XC \sin XCF$，把共同的斜邊長度 XC 消掉，剩下

$$EXC = ECN = \theta_i \quad 和 \quad XCF \approx BCN' = \theta_r \quad 當 X 很接近 C$$

我們得到

$$\sin \theta_i = n \sin \theta_r \qquad (26.4)$$

所以，當速率比是 n 的時候，欲在最短時間內從一點到另外一點，光進入的角度必須符合下列條件，即 θ_i 角的正弦與 θ_r 角的正弦比，等於光在兩個介質中的速率比。

26-4 費馬原理的應用

現在讓我們來探討最短時間原理某些有意思的結果。首先是**倒易原理**（principle of reciprocity）。假如我們找到了從 A 到 B 最短時間的路徑，則以相反的方向行進時（假設光的行進速率在任何方向都相同），最短時間的路徑應該是同一條，因此，光如果能夠以某方向傳送，也就能夠反向傳送。

第二個讓人玩味的例子是前後表面平行的玻璃塊，把它對著光束成一角度。光從 A 點到 B 點穿過玻璃塊（見圖 26-6），並非直線通過，反而降低在玻璃塊中的傾斜角度（也就是稍微偏向法線），以縮短經過玻璃塊的時間，雖然光束在空氣中的時間略有增加。光束只是產生了平行位移，因為進來與出去的角度相同。

第三個有趣的現象是，當我們看到太陽西沉時，實際上太陽已

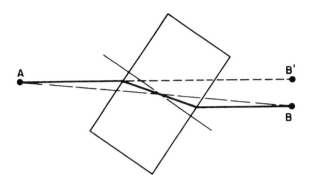

<u>圖 26-6</u> 通過透明玻璃塊的光束會偏移。

經落到地平線以下了！雖然它**看起來**並沒有在地平線以下，可是，事實上卻是如此（見圖 26-7）。地球的大氣，上層較稀薄，而底層則較稠密。光在空氣中行進的速率遠較在真空中慢，因此太陽光超越地平線到 S 點可以更快，只要它不走直線，而是以大角度穿透稠密慢速的底層，可縮短時間。當太陽看起來要落到地平線之下時，實際上它已經低於地平很多了！

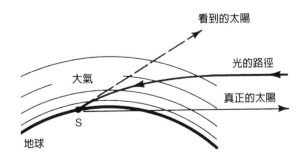

<u>圖 26-7</u> 接近地平面的地方，所見到的太陽比真正的太陽高出約 0.5 度。

　　這個現象的另外一個例子是，在非常熱的路面開車時常會看到的海市蜃樓幻象。有人看見路面上有「水」，但是當他到達那裡，卻發現路面乾得像沙漠！這現象如下：我們所看見的其實是天空的光「反射」在路面上，天空來的光向路面行進時，最後卻映入我們的眼簾，就像圖 26-8 所表示的一樣。是什麼原因？因為路面上方的空氣很熱，稍高處的空氣則比較涼。熱空氣比冷空氣膨鬆、稀薄，因而光速減慢得較少。也就是說，光在熱空氣區域的速率比在冷空氣中快。所以，光也有一條最短時間路徑，進到快速區域走一段，以便節省時間，而不是完全直線前進。所以，光可以走曲線路徑。

　　最短時間原理有另一個重要例子：假設我們希望安排一個情況，讓所有來自 P 點的光全部聚集到 P′ 點（見圖 26-9）。光當然能夠沿直線從 P 到 P′。可是我們要如何安排，不只是走直線的光，而是從 P 先向 Q 前進的光，最後也會到達 P′？我們想要把所有的光都彙集到稱做**焦點**的那個點。該怎樣做呢？假如光永遠採取最短時間的路徑，那麼它一定不會想走那些其他路徑。讓光願意採取鄰近路徑的唯一方法，就是讓各條路徑的時間都**剛好相等**才行！否則，光就會選擇時間最短的那一條路徑。所以，製造聚焦系統的關鍵就在於弄個裝置，讓光在同樣的時間內，走過**所有**不同的路徑！

　　這應該不難做到。假設我們有一片玻璃，光線行經玻璃的速率比在空氣中慢（見圖 26-10）。現在考慮一光束在空氣中的路徑是

來自天空的光

熾熱的路面或沙漠

圖 26-8　海市蜃樓

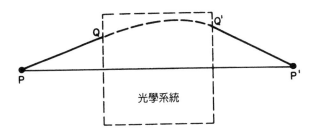

圖 26-9　光學黑箱

PQP'，這個路徑比從 P 直接到 P' 要長，毫無疑問的，所需要的時間也比較久。但是假如我們塞進一塊厚度恰好的玻璃（我們以後再探討厚度是多少），它可能剛好彌補了當光以某個角度行進所多花的時間！在這些條件之下，我們可以安排讓光走直線穿透玻璃所需要的時間，恰好等於光在空氣中走 PQP' 路徑所需要的時間。同樣的，如果我們讓光束走 $PRR'P'$ 路徑，沒有那麼傾斜，如此與走直線相較，我們不需要補償太多，然而還是必須做一些彌補。

結果就是像圖 26-10 那樣的玻璃。玻璃的形狀讓所有從 P 來的

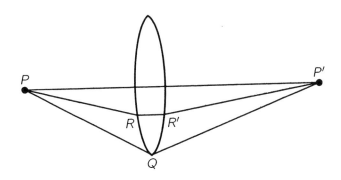

圖 26-10　聚焦光學系統

光都會聚到 P'。當然，這是大家熟知的，我們稱這種裝置為會聚**透鏡**。在下一章中，我們將會真正計算出，什麼形狀的透鏡才能得到完美的焦點。

再舉一個例子：假設我們希望組合幾面鏡子，使得從 P 出發的光一定會到達 P'（見圖 26-11）。光沿著任何一條路徑，到達某面鏡然後再折回來，而且所花的時間都必須相等。本例中所有的光是在空氣中行進，時間與距離成正比。所以，各路徑所用的時間都相同的講法，也就等於說，各條路徑的總距離都相同。因此距離 r_1 與 r_2 的和必須是定值。**橢圓**這種曲線的特性是，橢圓上的每一點到兩個焦點之間的距離總和都是定值；因此我們可以確定，光從一個焦點發出，一定會到另外一個焦點上。

同樣的原理可以用於收集來自遠距星球的光。巨大的 200 英寸的帕洛瑪望遠鏡就是根據下面的原理所建成的。想像有一顆星球遠在幾十億英里之外；我們想讓所有進來的光都聚集到一個焦點。我們當然沒有辦法把光線一路畫回到到星球那裡，但我們仍然想要檢查，是否時間都相等。當然我們知道，所有不同的光線達到與這些光線垂直的某一平面 KK' 時，所花的時間都相等（見圖 26-12）。

然後這些光線必須在相同的時間內，先到達鏡子，最後到 P'。

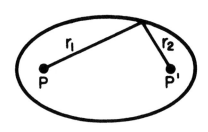

圖 26-11　橢球面鏡

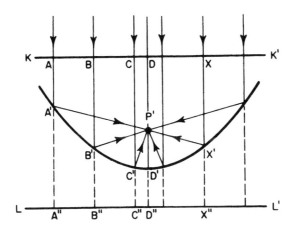

圖 26-12　拋物面鏡

也就是說，我們必須找到一個曲線，其 $XX' + X'P'$ 的距離總和是一個定值，不管選擇的 X 是在哪一個位置。找到這曲線有個簡單方法，把直線 XX' 往下延長到平面 LL'。現在假如我們如此安排曲線，讓 $A'A'' = A'P'$，$B'B'' = B'P'$，$C'C'' = C'P'$ 等等，就會得到所要的曲線，因爲當然 $AA' + A'P' = AA' + A'A''$ 將會是定值。所以我們的曲線是，到某直線跟某定點都等距離的所有點組成的軌跡。這種曲線叫做**拋物線**；這個望遠鏡的面鏡是以拋物線的形狀製造的。

　　上面的幾個例子解釋了設計光學儀器的原理。準確的曲線可以應用以下原理計算出來：爲了精確聚焦，所有光線的行進時間必須完全相等，而且所需時間要比採取任何附近的路徑都短。

　　下一章我們將會深入討論這些聚焦光學儀器。現在讓我們來討論這個原理的後續發展。新理論的原理出現時，例如最短時間原理，我們第一個反應可能是說：「啊！眞漂亮；讓人喜歡；但問題是，它對瞭解物理眞的有幫助嗎？」有人可能會說：「當然可以，

看現在我們已經能夠理解這麼多的事物啊！」另外一個人會說：
「不錯，但是，鏡子我早就懂。只要鏡面的弧度其切面能使入射、
反射光束角度相等即可。透鏡我也懂，因為進來的光束轉彎的角度
遵循司乃耳定律。」很顯然，最短時間的說法，跟反射角等於入射
角；還有折射時兩角正弦成正比的說法，是一致的。那麼這只是哲
學上的問題，或者是美學的問題？兩方面都各有道理。

　　然而，有威力的原理其重要性在於**能夠預測新的事物**。

　　很明顯的，透過費馬原理可以預測若干新的事物。第一，假設
有三種介質，玻璃、水、與空氣，我們進行折射實驗，測量各個介
質間的相對折射率 n。讓我們稱空氣（1）對水（2）的折射率是
n_{12}；空氣（1）對玻璃（3）的折射率是 n_{13}。如果測量水對玻璃的
折射，我們應該能找出另外一個折射率，我們將把它稱做 n_{23}。但
是沒有**先驗**理由說，為什麼在 n_{12}、n_{13} 與 n_{23} 之間應該有什麼關
係。然而，根據最短時間的觀念，它們之間**有**明確的關係。折射率
n_{12} 是兩個量的比，即光在空氣中的行進速率與水中速率的比；n_{13}
是空氣中的速率與玻璃中速率的比；n_{23} 是水中速率與玻璃中速率
的比。所以我們可以消去空氣的速率，而得到

$$n_{23} = \frac{v_2}{v_3} = \frac{v_1/v_3}{v_1/v_2} = \frac{n_{13}}{n_{12}} \qquad (26.5)$$

　　換句話說，從兩個物質分別對於空氣或真空的折射率，我們可
以**預測**得到這兩種物質的相對折射率。所以假如我們測量光在所有
物質中的速率，得到每一個物質的數值，也就是這物質相對於真空
的折射率，稱為 n_i（n_1 是空氣中的速率相對於真空中的速率等
等），那麼我們的公式就很容易推導出來。對於任何兩種物質 i 與 j
來說，它們的折射率是

$$n_{ij} = \frac{v_i}{v_j} = \frac{n_j}{n_i} \tag{26.6}$$

僅用司乃耳定律，是沒有辦法做這種預測的。* 當然(26.6)這個預測是正確的。(26.5)式中的關係我們很早就知道了，它當初就是支持最短時間原理的有力論證。

　　還有另外一個預測（如果**測量**水中光速，會發現比在空氣中慢），後來成為支持最短時間原理的另一論證。這是完全不同類型的預測。它高明之處在於，到目前為止，我們只測量了**角度**；在這裡我們卻能（對速度）做理論的預測。這和費馬推導出最短時間觀念所依賴的觀察完全不同。結果發現，光在水中的速率**確實**是比在空氣中的速率慢，兩者比例正好就是折射率。

26-5　費馬原理的更精確陳述

　　事實上，我們需要把最短時間原理陳述得更準確一些。以上的陳述並不十分正確。這個原理稱為最短時間原理並**不正確**，而我們卻為了方便，一直使用這個不正確的描述。然而，現在我們必須要知道什麼才是正確的陳述。

　　假設我們有一面如同圖 26-3 中的鏡子。光怎麼會知道它必須要射到鏡子上面？時間**最短**的路徑明明就是 *AB*（不經過 *C*）。所以有些人可能會說：「有時候它是時間最長的路徑。」但這**不是**最長的時間，因為毫無疑問的，彎曲線路徑所需要的時間還會更長！正

---

*原注：假如引入額外假設：把一層甲物質加到乙物質的表面上，並不會改變後者的最終折射角。我們也可以得到這個結果。

確的陳述應該如下：光線所經特定路徑有以下性質：假如這束光線有個小改變（比如說百分之一的變動），不管用什麼方式，例如：光線到達鏡子的位置，或曲線形狀，或是任何情況發生變動，所費時間**不會**有「第一階」的變化，只會有「**第二階**」的變化。換言之，這個原理是說，光所走路徑有如下特質：這路徑鄰近有多條其它路徑，他們所需時間幾乎完全**相同**。

以下是最短時間原理的另一個難題，不喜歡這類理論的人會無法忍受。應用司乃耳理論，我們可以「瞭解」光。光向前行進，碰到某個表面後會轉向，因為光在表面做了某件事。它從一點進行到另外一點，然後再到下一點，按照因果關係，一直繼續下去，這沒有什麼難懂的。

但是，最短時間原理看待大自然的運作是完全不同的哲學。因果關係是當我們做了一件事，別的事情跟著發生，再有後續發展等等；最短時間原理不談因果，而是說：我們設定了某種條件，由**光**來決定怎樣的時間最短，也就是說時間是極值，光就會選擇那個路徑。但是，光做**什麼**事，它**如何**找出路徑？它是不是先**試探**各鄰近路徑，將它們互相比較？答案是的確如此，在某種意義上，就是這樣。當然，這個特質在幾何光學中是沒有的，它牽涉**波長**的概念；波長的觀念告訴我們，光大約能夠試探多遠以外的路徑，以便檢驗（所需時間）。因為可見光的波長實在太短，在大尺度情況下，很難示範光的這個特性。

但是利用無線電波，例如 3 公分波長，這時電波可以感受的距離就比較大。假如我們有一個無線電波源（S）、一個偵測器（D），以及一片具有狹縫的屏板，如圖 26-13 所示，無線電波當然是從 S 行進到 D，因為是一直線，而且如果我們把狹縫給關窄一些，也沒有關係，因為無線電波仍然還是能夠通過，從 S 到 D。

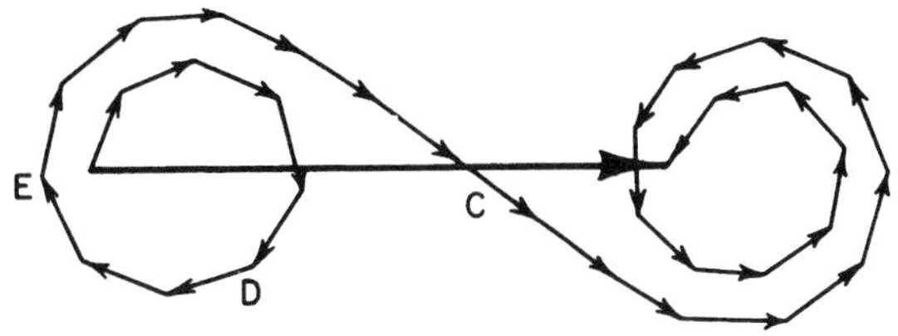

圖 26-14 許多相鄰路徑的機率幅（probability amplitude）的總和

所以剛開始改變路徑時，時間會改變，但當我們愈來愈接近 C，時間的變化會愈來愈小（見圖 26-14）。所以我們所加的箭頭，在靠近 C 點的短暫片刻內，角度幾乎全部相同，然後路徑的時間又開始逐漸增加，同時相位角轉向另外的方向。最終，我們得到一團很緊的結。總機率等於從一端到另外一端距離的平方。**累積起來的機率幾乎都來自某個區域，那裡的所有箭頭都朝著同一個方向**（也就是相位一樣）。C 點以外其他區域的路徑對機率的貢獻都互相抵消掉了，因為箭頭指著不同方向；在這些區域裡，當我們改變路徑時，時間也會改變，所以這些路徑全部具有不同的時間，箭頭的角度也跟著不同。

這也是為什麼，假如我們把鏡子最邊緣部分蓋住，反射的結果幾乎完全相同，因為我們只是拿掉圖中螺旋末端的一小段而已，光的變化極小。歸根究柢，光子到達的機率視箭頭的累加而定，以上所述就是這個觀念跟最短時間原理的關係。

第 27 章

幾何光學

27-1 緒 論

　　這一章中，我們將利用稱爲**幾何光學**的近似概念，把前一章的觀念簡單應用到若干實際裝置。許多光學系統或儀器在實際設計時，會用到幾何光學這個極有用的近似概念。幾何光學可以很簡單，也可能非常複雜。意思是說，我們可以只學一些表面的皮毛，就足以運用簡單規則（基本上只有中學程度，幾乎不用在此探討），設計出種種儀器。然而，如果我們需要知道透鏡上的微小誤差以及其他細節，這個主題就會變得十分複雜，而且過於高深，無法在此討論！

　　如果有人做透鏡設計遇到實際的細節問題，包括像差（aberration）的分析，那麼我會建議他去閱讀這主題的資料，要不然就是應用折射定理，追蹤光線穿過透鏡的各個曲面（書上是如此建議的），看光線最後從哪裡出來，成像是否清楚等等。有人曾說這太麻煩了，但是現今有計算機，這麼做才恰當。我們可以設定問題，輕易把光線一束一束分開來計算。所以這個主題歸根究柢還是十分簡單的，而且不牽涉到任何新的原理。再者，不論是基本或是高等的光學規則，在其他領域很少見到這種特性，我們沒有特別的理由深入研究這個主題——唯有一個重要例外。

　　這個重要例外是由哈密頓（William Rowan Hamilton, 1805-1865，愛爾蘭數學家暨物理學家）所導出來的，它是最高等且抽象的幾何光學理論，後來發現它在力學上的應用價值非常高。實際上，它在力學上的重要性勝過光學。所以我們把哈密頓的理論留給高等分析力學，等到高年級或研究所時再來研究。我們要知道，幾何光學除了用在自身的領域上，用處不多。現在我們根據上一章提過的原理，

繼續討論簡單光學系統的基本性質。

為了繼續討論下去，我們必須有一個幾何方程式，如下所述：假如我們有一個三角形（見圖 27-1），高 h 不大，有個很長的底 d，斜邊 s 比底還長（我們需要它來找出兩條路線的時間差）。斜邊比底長了多少？它們相差 $\Delta = s - d$，這可以由幾種方法找到。一種方法是這樣的，我們知道，因為 $s^2 - d^2 = h^2$，也就是 $(s - d)(s + d) = h^2$。但是 $s - d = \Delta$，且 $s + d \approx 2s$。所以

$$\Delta \approx h^2/2s \qquad (27.1)$$

我們討論曲面成像所需的全部幾何知識盡在於此！

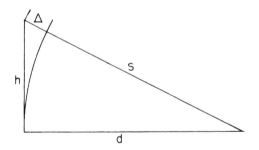

圖 27-1

27-2 球面的焦距

第一個要討論的例子，也是最簡單的情況，是單一折射面，它把折射率不同的兩個介質隔開來（見圖 27-2）。因為**觀念**永遠是最重要的，我們把任意折射率的題目留給同學來完成，而非特別情況，而且在任何情形之下，這個問題都很容易。所以我們需要假

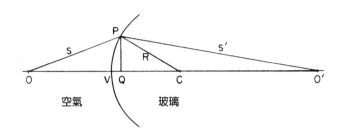

圖 27-2　單一折射面的聚焦

設，在左側，光的行進速率是 1 ，在右側的速率則是 $1/n$ ，這裡的
n 是折射率。光在玻璃中行進的速率比較慢，是空氣中的 $1/n$ 。

　　現在假設我們有一個點的位置在 O ，與玻璃前表面的距離是
s ，另外一個點在玻璃內部的 O' ，到玻璃表面的距離是 s'。我們希
望這彎曲表面能使來自 O 的每一束光線在碰到曲面上的任一點 P
後，會改變方向，然後朝 O' 行進。要想達到這個目的，我們必須
有個表面的形狀，讓光從 O 到 P 的時間，也就是距離 OP 除以光速
（這裡設光在空氣中行進的速率等於 1），加上從 P 到 O' 的時間
$n \cdot O'P$，不管 P 在哪裡，都是常數。

　　這個條件提供了決定這個表面的方程式。得到的答案是，這個
表面是一個非常複雜的四次曲線，對此有興趣的同學可以用解析幾
何來計算這個問題。也可以嘗試比較簡單的特例，即 $s \to \infty$ 的情
況，因為在這個情形之下，這個曲面是二次曲線，所以比較熟悉。
如果把這個曲線與拋物線相比，定然會很有趣，後者是當光從無限
遠處過來，到達面鏡聚焦時，面鏡所需要的曲線。

　　所以，正確的表面不容易製造。把從某一點來的光聚焦到另外
一點，需要一個相當複雜的表面。好在實際應用上，我們通常不會
嘗試去製造出這麼複雜的表面，而是稍作安協。與其讓**所有**的光線

聚集到一個焦點，我們可以安排成，只有非常靠近軸 OO' 的光線會聚集在一個焦點上。雖然，這可能會造成離軸較遠的光線發生偏差，因為理想的表面很複雜，因此我們會用一個在接近軸的地方曲度正確的球面來代替。製造球面比製造其他表面要容易得多，假使只有靠近軸的光線需要準確聚焦，它有助於我們瞭解光線遇到球面時的狀況。靠近軸的光線，有時也稱為**近軸光線**（paraxial ray），而我們要分析的就是近軸光線聚焦的情況。事實上並非所有的光線都會靠近軸，我們以後會討論由這個事實所引進的誤差。

　　所以，假設 P 點靠近軸，我們畫一線段 PQ 垂直於軸，讓 PQ 的高度等於 h。我們暫時假想這個表面是一個經過 P 的平面。在這情況下，從 O 到 P 所需要的時間超過從 O 到 Q 的時間，而且從 P 到 O' 的時間也超過從 Q 到 O' 的時間。這就是為什麼這個玻璃表面必須是曲面，因為總共超出的時間，必須要由 V 到 Q 的時間延遲來彌補！現在這個沿著 OP 所超出的時間等於 $h^2/2s$，而另外一邊的路徑所超出的時間則是 $nh^2/2s'$。這些**超出**的時間，必須與沿 VQ 行進的時間相等，這段時間和在真空的狀態之下有所不同，因為有介質存在。換句話說，從 V 到 Q 所需要的時間，和在空氣中沿直線行進不一樣，而是慢了 n 倍，所以在這個距離所超出的延遲時間等於 $(n-1)VQ$。

　　VQ 到底多大？假如 C 點是這個球體的中心，又假如球體的半徑是 R，我們可以用同樣的公式，得到 VQ 等於 $h^2/2R$。所以我們找到的定律，不但可以得到 s 與 s' 之間的距離，同時獲得我們所需要的表面的曲率半徑 R：

$$(h^2/2s) + (nh^2/2s') = (n-1)h^2/2R \qquad (27.2)$$

即

$$(1/s) + (n/s') = (n - 1)/R \qquad (27.3)$$

假如我們已知某個位置 O 與另外某個位置 O'，並且要讓從 O 來的光線聚焦到 O'，於是我們就可以應用上面的方程式，來計算出這個表面的曲率半徑 R。

值得玩味的結果是，曲率半徑同樣為 R 的透鏡，也可以聚焦其他的距離，只要任一對距離的倒數之和（其中一個倒數要乘以 n）等於一個定值。任一已知透鏡（只要我們限定於近軸光線），不僅可以從 O 聚焦到 O'，而且能夠使其他無限多對的點聚焦，只要這些成對的點遵守下面的關係：$1/s + n/s'$ 等於定值，這就是透鏡的特性。

特別是當 $s \to \infty$ 的情況，這例子很有趣。從公式上我們可以看出來，當其中一個 s 增加時，s' 會減少。換句話說，假如 O 點往外移、離透鏡愈遠，O' 點就會愈往內靠近，反過來也如此。當 O 點距離趨近無限大時，O' 繼續向內移到物質中某一個距離，**焦距** f'。假如進來的光線是平行的，經過透鏡，它們會交集在軸上的 f' 處。同樣的，我們也可以想像光線從另外一個方向進來。（根據倒易規則：假如光可以從 O 到 O'，當然也可以從 O' 到 O）。所以，如果我們有一個光源在玻璃內，我們可能想知道它的焦點在哪裡。特別是，假如在玻璃內的光是在無限遠處（同樣的問題），那麼它在玻璃外的焦點會在哪裡？這個距離稱做 f。當然，我們也可以把情況反過來。假設我們有一個光源在 f，而光穿過透鏡表面後，將會以平行光束的形式射出去。我們很容易找出 f 與 f'：

$$n/f' = (n - 1)/R \quad 即 \quad f' = Rn/(n - 1) \qquad (27.4)$$

$$1/f = (n - 1)/R \quad 即 \quad f = R/(n - 1) \qquad (27.5)$$

　　我們發現一件有意思的事：如果把每一個焦距個別除以相對應的折射率，我們會得到同樣的結果！實際上，這個定理適用範圍很廣。任何透鏡系統，不論結構多麼複雜，都會成立，因此值得我們記住。在這裡，我們並未證明這定理適用範圍很廣，我們先前只是注意到，對單一表面來說這定理會成立，但是它恰巧適用於一般的情況，即系統中的兩個焦距有這種關係。有時(27.3)式也可以寫成下面的形式：

$$1/s + n/s' = 1/f \qquad\qquad (27.6)$$

這個式子比(27.3)式更有用，因為測量 f 比測量透鏡的曲率及折射率更容易：假如我們對設計透鏡，或是它為什麼那個樣子運作，不感興趣，只想把透鏡從架子上拿出來使用而已，那麼我們所感興趣的量就只是 f，而不是 n 及 R 了！

　　現在還有一個有趣的情況，假如 s 變得比 f 小，會發生什麼情況呢？如果 $s < f$，那麼 $(1/s) > (1/f)$，所以 s' 應該是負值；因此我們的方程式所表示的就是，光只有當 s' 是負值時才會聚焦！到底是什麼意思啊？它的確有某種十分耐人尋味和明確的意義。換句話說，即使數字是負值，公式仍然很有用。

　　這意義可以從圖 27-3 中看出來。假如我們畫的光線從 O 開始發散，它們會在表面的地方轉向，真的是如此，而且它們也不會聚焦到一個焦點上，因為 O 離表面如此近，光線根本不可能平行。然而，光線發散的樣子，彷彿是來自玻璃**外面**的一點 O'，在這裡形成了一個清晰可見的像，有時稱為**虛像**（virtual image）。圖 27-2 中，在 O' 的像稱為**實像**（real image）。假如光真正聚集到一個點，它就是實像。但是如果光看起來**好像來自**並非真正起始點的假想點，那就是虛像。所以當 s' 是負值時，意思就是說，O' 在玻璃表

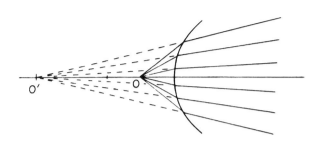

圖 27-3　虛像

面的另外一邊。這樣，一切問題就都解決了。

　　現在考慮 R 等於無限大，這個引人注意的例子；那麼我們就得到 $(1/s) + (n/s') = 0$。換言之，$s' = -ns$，意思是假如我們從稠密的介質看進稀薄的介質中的一個點，它的深度看起來好像是 n 倍深。

　　同樣的，這個方程式可以倒過來應用，如果我們從某個平坦表面注視在稠密介質中某個深度的物體，但看起來沒那麼深（見圖 27-4）。當我們從游泳池上方，往下注視池底時，游泳池看起來沒有實際上來得深，只有 3/4 的深度，正好是水的折射率的倒數。

　　我們當然可以進一步討論球面鏡的問題。然而對相關觀念有興趣的人應該可以自己想通其中道理。所以我們就把導出球面鏡的公式，留給同學當成作業，可是牽涉到距離時，我們建議採用以下規則：

(1) 如果 O 點在鏡面的左側，物體的距離 s 是正值。

(2) 如果 O' 在鏡面的右側，像的距離 s' 是正值。

(3) 如果曲面中心在鏡面右側，鏡面曲率的半徑是正值。

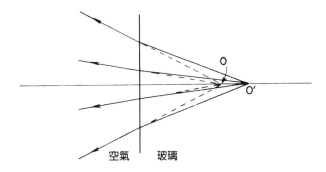

圖 27-4 一平面表面讓來自 O' 的光,在 O 重新成像。

舉例來說,圖 27-2 中, s 、 s' 及 R 全是正值;圖 27-3 中, s 與 R 是正值,而 s' 是負值。如果我們當初用的是凹面鏡,只要讓 R 為 負值,我們仍可以從 (27.3) 式得到正確的結果。

要找出鏡子的相對公式,利用上面的規則,你會發現,只要讓 (27.3) 式中所有的 $n = -1$(彷彿鏡子後面是折射率為 -1 的物質), 就可以找出鏡子的正確公式!

雖然導出 (27.3) 式的過程既簡單又完美,花的時間也少。其實 我們也可以應用司乃耳定律導出同樣的公式,只要記得所處理的角 度非常小,其正弦可以用角度本身來替代。

27-3 透鏡的焦距

現在讓我們來討論另外一個相當實用的情況。我們使用的透鏡 大部分都有兩個表面,而不是一個。這會有什麼影響?先假設我們 的透鏡是玻璃材質,前後兩個表面的曲率不同(見圖 27-5)。

我們要研究的問題是從 O 點到另外一個點 O' 的聚焦。我們應

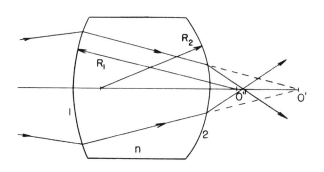

圖 27-5 有兩個表面的透鏡所形成的像

該怎樣做？答案如下：首先，第一個表面先應用(27.3)式，而暫時不考慮第二個表面。這可以讓我們知道從 O 發散出來的光是（視正負號而定）彷彿凝聚到某點，例如 O'，或彷彿從 O' 發散。

現在我們探討新問題。我們在玻璃和空氣之間有一個不同的表面，讓光線朝向某一點 O' 會聚。到底會在哪裡聚集？我們再用同一個公式！我們發現，光線會聚在 O''。所以，如果必要的話，只要應用同樣的公式，從一個表面計算到另外一個表面，連續 75 個表面也做得到！

我們若要追蹤光線穿過 5 個表面的時候，其實有一些高級公式可以節省我們的精力。但我們一生中，遇到這種情形的機會應該不多，說不定一次都碰不到。真的遇到了光線穿過 5 個表面的情形，我們按部就班追蹤光線，比起背一大堆公式要來得輕鬆。

總而言之，原則就是當我們經過一個表面時，找出新的位置，新焦點，然後利用這一點著手處理下一個表面，如此繼續下去。為了真正能夠做到這一步，因為在第二個表面我們是從 n 到 1，而不是從 1 到 n，且因為在許多系統中不只有一種玻璃，它們的折射率

依序為 n_1、n_2、……我們實際上需要一個通用的(27.3)式，來運算不只一個 n，而是多個 n，例如有兩個折射率 n_1 與 n_2 的情況。不難證明(27.3)式的通用形式是

$$(n_1/s) + (n_2/s') = (n_2 - n_1)/R \qquad (27.7)$$

有個特例非常簡單，其兩個表面非常接近，近到幾乎可以忽略厚度所造成的誤差。假如我們畫一個如同圖 27-6 的透鏡，我們可能會問：這透鏡該怎麼製作才能讓光從 O 聚焦到 O'？假設光剛好到達透鏡邊緣的 P 點。以致於從 O 經過 P 到達 O'，比直接走 OO' 超出的時間是 $(n_1 h^2/2s) + (n_1 h^2/2s')$，暫時不要考慮折射率是 n_2 的玻璃的厚度 T。為了讓直接路徑所需要的時間，等於 OPO' 路徑所需要的時間，我們必須用一塊玻璃，其中心厚度 T 讓經過玻璃中心所延遲的時間，剛好抵消經過 P 所超出的時間。所以透鏡的中心厚度必須具有以下的關係：

$$(n_1 h^2/2s) + (n_1 h^2/2s') = (n_2 - n_1)T \qquad (27.8)$$

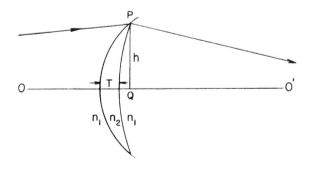

圖 27-6　兩個曲率半徑均為正值的薄透鏡

　　我們也可以用兩個表面的曲率半徑 R_1 與 R_2 來表示 T。根據我們前面所列出來的第三個規則,當 $R_1 < R_2$ 時(凸透鏡),我們得到

$$T = (h^2/2R_1) - (h^2/2R_2) \qquad (27.9)$$

於是,我們最後得到

$$(n_1/s) + (n_1/s') = (n_2 - n_1)(1/R_1 - 1/R_2) \qquad (27.10)$$

現在我們再注意一下,假如這兩點之中,有一個點是在無限遠處,那麼另外一點會在我們稱為焦距 f 的地方。焦距 f 可以由下式來表示:

$$1/f = (n - 1)(1/R_1 - 1/R_2) \qquad (27.11)$$

這裡的 $n = n_2/n_1$。

　　現在,假如我們選擇相反的例子,讓 s 趨於無限遠,我們看到 s' 就是在焦距的 f' 的位置。這時兩個焦距相等。(這是通用規則的另一特例,兩個焦距的比,等於讓光線聚焦的兩介質折射率的比。而在這個特殊的光學系統中,開始和最終介質的折射率相同,因此兩個焦距相等。)

　　暫時不要去想焦距的眞正公式,假如我們買了某人以特定的曲率半徑與折射率設計的透鏡,我們其實可以測量它的焦距,比如說,找出無限遠處的某個點在哪裡聚焦成像。一旦我們有了焦距,就可以把方程式直接用焦距寫出來,因此公式是

$$(1/s) + (1/s') = 1/f \qquad (27.12)$$

　　讓我們看看這個公式的功用,以及在不同的情況之下各具有什麼意義。首先,它的意義是說,假如 s 或 s' 其中一個是無限大,另

外一個就等於 f。也就是說，平行的光會在距離 f 的地方聚焦，實際上這就是 f 的**定義**。另外一點頗有趣味：這兩個點會向同一個方向移動。假如一個向右移動，另外一個也會跟著向右。還有一件事情，如果它們兩個都等於 $2f$ 時，那麼 s 與 s' 就會相等。換句話說，假如我們想要得到對稱的情況，就會發現，鏡前鏡後同時在距離 $2f$ 的地方聚焦。

27-4　放大率

到目前爲止，我們所討論到的聚焦作用只限於軸上的點。現在讓我們來討論物體的像並非完全在軸上，而是有一點偏差的情況，由此瞭解**放大率**（magnification）的性質。我們設置透鏡，讓來自小燈絲的光在屏幕上聚焦成一「點」，但卻注意到，從屏幕上我們得到同樣的燈絲「圖像」，只是比眞正的燈絲較大或較小。這表示聚焦到焦點的光必然是來自燈絲上**每個點**。爲了要更清楚瞭解這一點，讓我們來分析一下圖 27-7 所示的薄透鏡系統。我們知道下面的事實：

(1) 從透鏡一側平行進入的任何光線，會朝向另外一側稱爲焦點的定點前進，此定點離透鏡的距離是 f。

(2) 從透鏡一側焦點而來的任何光線，到達透鏡後，從另外一側出去時，會與軸平行。

我們用幾何來建立(27.12)式，有這兩點就夠了。假設我們有一個物體，離焦點的距離是 x；讓這個物體的高度等於 y。而且我們知道其中的一條光線 PQ 會轉向，經過另外一側的焦點 R。假如這

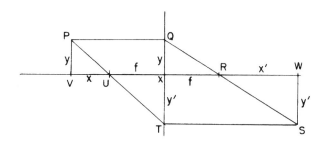

圖 27-7　薄透鏡成像的幾何學

個透鏡真的會把經 P 點的光線會聚在另外一側，我們只需找出另外一條光線前往何處即可，因為新的焦點將是這兩條光線再度相交的地方。

　　我們只需要用點小聰明，找出**另一條**光線的正確方向。我們記得，跟軸平行的光線會經過另外一側的焦點；**反過來也是如此**：穿過焦點的光線，從另一側出來後是跟軸平行的！所以我們畫一條光線 PT 通過 U。（實際上是，真正聚焦的光線可能比我們畫的兩條光線受到更多限制，但是很難圖解，所以我們姑且假裝可以畫出這條光線。）因為光線從另一側平行出來，所以我們畫一條線 TS 讓它平行於 XW。交點 S 正是我們所要的點，可以決定影像正確的位置與正確的高度。讓我們稱這個高度是 y'，到焦點的距離是 x'。現在我們就可以推導出透鏡的公式。利用相似三角形 PVU 與 TXU，我們得到

$$\frac{y'}{f} = \frac{y}{x} \tag{27.13}$$

同樣的，從三角形 SWR 與 QXR，我們得到

$$\frac{y'}{x'} = \frac{y}{f} \tag{27.14}$$

從各方程式解出 y'/y，我們發現

$$\frac{y'}{y} = \frac{x'}{f} = \frac{f}{x} \tag{27.15}$$

(27.15)式是有名的透鏡公式，針對透鏡我們需要知道的盡在其中。這個公式告訴我們，如何用距離以及焦距表達透鏡的放大率 y'/y。同時也把兩個距離 x 與 x'，用 f 連接在一起：

$$xx' = f^2 \tag{27.16}$$

它應用起來，比(27.12)式顯得更精巧。假如我們定義 $s = x + f$，且 $s' = x' + f$，那麼(27.12)式就與(27.16)式相同，這留給同學來證明。

27-5 複合透鏡

以下我們簡略描述使用數個透鏡時的一般結果，而不實際推導公式。假如有一個包括數個透鏡的系統，我們應該怎樣去分析它？這很容易。我們從某個物體開始，應用(27.16)或(27.12)式，或是其他類似的公式，也可以畫圖來表示，算出第一個透鏡的像應該在哪裡。因此我們找到一個影像。然後我們再把這個影像當作下一個透鏡的假想實物，隨後再用第二個透鏡，不管它的焦距是多少，再找到另外一個影像。我們只是穿過一個接一個透鏡持續追蹤影像，如此而已。原則上沒新觀念，因此我們不需深入探討。

然而，如果光所經過的透鏡系列其頭和尾是在同一個介質中，好比說是空氣，就會產生非常有趣的淨效應。任何光學儀器，比如望遠鏡或顯微鏡，不論配置幾個透鏡與面鏡，都具有下面的特性：

系統有兩個**主平面**（principal plane），通常非常接近第一個透鏡的第一個表面，以及最後一個透鏡的最後一個表面，具下列性質：(1) 假如進到系統的光平行於第一透鏡的軸，它從另一邊出來時會經過某一個焦點，這個焦點與**第二**主平面的距離 f 等於焦距，就彷彿整個系統是位在第二主平面的薄透鏡。(2) 假如平行光是從另外一個方向進入，同樣會聚焦在離第一主平面 f 的位置，彷彿經第一平面有個薄透鏡一樣（見圖 27-8）。

　　當然，假如我們像前面一樣來測量距離 x 與 x'，以及 y 與 y'，那麼我們先前推導出來的薄透鏡方程式(27.16)絕對可以適用，前提是我們測量焦距是從主平面，而不是從透鏡中心來測量。對薄透鏡而言，這前後兩個主平面恰好是合而為一。就好像我們把薄透鏡從中間切開，然後分開來，看卻彷彿沒分開一樣。任何光線進入第一平面後，又立刻從第二平面對應的同一點出來！主平面跟它們的焦距可以由**實驗**或是計算求得，就足以描述這光學系統的整套性質。有趣的是，在我們學完了像這樣龐大又複雜的光學系統後，卻發現結果並不複雜。

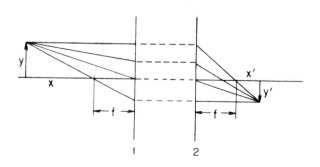

圖 27-8　光學系統主平面的示意圖

27-6 像差

先別急著讚歎透鏡居然這麼奇妙，我們必須趕緊補充，以上結論也有其嚴重的局限，因爲我們先前討論僅限於近軸光線。

眞實的透鏡有具體尺寸（並非無限小），通常會出現**像差**（aberration）。舉例來說，軸上的光線當然會經過焦點；非常靠近軸的光線也會很準確的到達焦點。但若入射光距離軸比較遠時，折射線開始偏離焦點，或許距到達焦點還差了一點；經透鏡頂端邊緣的光線往下偏時，會錯過焦點很遠。所以我們會得到模糊的影像，而非像點。這效應稱爲**球面像差**（spherical aberration），這個性質來自我們用球面來取代了正確的形狀。針對特定的物體距離，這是可以矯正的，我們可以修改透鏡表面的形狀，或是若干個透鏡予以特定排列方式，讓個別透鏡的像差互相抵消。

透鏡還有另外一個缺點。在玻璃中，不同顏色的光具有不同的速率，也就是不同的折射率，所以對某一特定的透鏡來說，不同顏色的光具有不同焦距。因此，假如我們想用透鏡看一個白點，它的像會帶有若干顏色，因爲當我們讓紅光聚焦時，藍光就會模糊不清，反過來也是如此。這個性質稱爲**色像差**（chromatic aberration）。

透鏡還有其他的缺點。假如物體偏離軸線，那麼當它離軸夠遠時，就無法完美聚焦了。最容易證明的方法是，先讓一個透鏡聚焦，然後把透鏡傾斜，使得光線以偏離軸的大角度進入。這時形成的像通常會非常粗糙，並且可能根本沒有辦法聚焦。透鏡有諸如此類的若干種像差，光學設計專家必須嘗試應用多重透鏡，來抵消個別透鏡的誤差。

要消除像差，我們該做到多嚴謹？有沒有可能製造出完美無缺

的光學系統？假設我們已經造出一個光學系統足以把光正確的聚集到一個點。現在，根據最短時間的觀點來討論，我們是否能夠按照系統完美的程度，找出該具備的條件？這個系統必須要有某種讓光進入的入口。如果我們能讓距離軸最遠的光線達到焦點（當然，假如系統完美的話），每束光線所需要的時間會完全相同。然而沒有什麼東西是完美的，所以現在的問題是，這束光線的時間誤差要到多小，我們才會認為不值得再修正？這完全看我們要這個像多麼完整而論。但是，如果我們要讓這個像盡量完美，那麼，當然我們的概念是，要把每束光線所需要的時間安排得愈接近愈好。可是，結果發現這不太可能，超過某個界限後，我們想做的事就會太過於精細而行不通，因為幾何光學理論已出錯了！

要記住，最短時間原理並不是準確的表述，有別於能量守恆原理或是動量守恆原理。最短時間原理只是一種**近似**方法，因此值得去探討，最多可以容許多少誤差，而不致造成明顯偏差。答案是，假如我們的透鏡安排使得距離軸最遠的光線（也是最差的光線）與中心光線，彼此之間的時間差小於光振盪的一個週期，更進一步的調整就無濟於事了。光是一個會振盪的東西，具有與波長相關的明確頻率。假如我們的透鏡排列使得不同光線的時間差比一個週期小，再繼續調整下去也沒有用。

27-7 鑑別率

另外一個頗具趣味的問題，也是所有光學儀器重要的技術問題，就是儀器的**鑑別率**（resolving power）大小。我們製造顯微鏡是為了看清楚所要觀察的物體。意思是，例如細菌兩端各有一個點，我們想要用顯微鏡放大，以**看**到那兩個點。有人可能認為只要放大

率夠大就行了,我們總是可以再加上另一個透鏡,就可以一再的放大,再請設計師用點巧思把所有的像差與色像差互相抵消掉,如此就沒有什麼理由說,我們不能把一個像一再的放大。所以顯微鏡的限制,並非無法裝設放大率超過 2,000 倍以上的透鏡。我們可以造出放大率高達 10,000 倍的透鏡系統,但是**仍然**沒有辦法鑑別出兩個非常靠近的點,這是幾何光學的局限,由於事實上最短時間原理並不精確。

兩個點之間距離要多遠,才能成像為分開的點?我們可以探討各條光線所需時間,用簡潔而高明的解說找出其中規則。假設我們現在暫時先不考慮像差,而是想像有一個特定點 P(見圖 27-9),物體的所有光線到像 T 所需要的時間都相等。(事實上不會發生,因為它不是完美的系統,但這屬於另外一個問題。)現在取一個很靠近的點 P',並且看看它的成像是否可以與 T 區別出來。換言之,我們能否看出它們之間的區別。

當然,根據幾何光學,應該是有兩個像點,但是我們所看到的像可能相當模糊,或許不能分辨出來那裡真的有兩個點。要想讓第二個點聚焦在與第一個點完全不同的位置,經過透鏡開口最邊緣的兩束光線 $P'ST$ 與 $P'RT$,從一端到另外一端所需的時間,必須跟從兩個可能物點到一特定像點的時間**不同**。為什麼?因為假如時間相

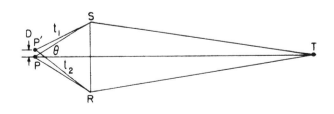

圖 27-9 光學系統的鑑別率

等，它們當然會**聚焦**在同一點，所以時間不會相等。但是到底時間需要相差多少，我們才能說它們**不會**聚焦到同一焦點，我們才可以分辨出它們是兩個不同的像點？

光學儀器的鑑別率有個一般規則：先假設一個點源聚焦在某特定點，當另一個點源的離軸最遠光線到達那個特定點所需要的時間，與到達這第二點源的真正像點相比，時間差必須大於一個週期，才可以鑑別出兩個不同的點源。頂端光線與底部光線到達**錯誤的**焦點所需的時間，兩者之差應該超過某個數值，即大約是光振盪的週期：

$$t_2 - t_1 > 1/\nu \qquad (27.17)$$

這裡 ν 是光的頻率（每秒鐘的振盪次數；也等於速率除以波長）。

假如兩個點之間的距離是 D，並且假設透鏡開口的角度是 θ，那麼我們就可以證明(27.17)式跟下列陳述一樣：D 必須超過 λ/n $\sin \theta$，其中 n 是在 P 點的折射率，而 λ 是波長。因此我們能夠看到的最小物體，大約等於光的波長。望遠鏡也有類似的公式，告訴我們兩個星球之間角度，最少差多少才可以分辨出來。★

★原注：這個角度大約等於 λ/D，此處 D 是鏡面直徑。你能看出來為什麼嗎？

第 28 章

電磁輻射

28-1　電磁學

　　物理學發展中最具戲劇性的時刻，是那些偉大的思想整合之際，原先表面上看起來不同的現象，忽然之間，發現原來只是從不同的角度來看待同樣一件事情而已。物理的歷史就是這種整合的歷史，自然科學之所以成功是因為我們**能夠**將它整合。

　　十九世紀，1860 年代的某一天，馬克士威（James Clerk Maxwell, 1831-1879）把電與磁的定律，以及光行為的定律結合在一起的時候，可說是物理發展史上最戲劇化的一刻。光的部分性質因而得到闡釋。光的存在由來已久，而且性質微妙；古人早已體認到它的重要和神祕，因此在撰寫《聖經》〈創世紀〉時，特地為光的創造記上一筆。當馬克士威在完成他的發現時，大可以說：「來一點電與磁，就有了光！」

　　然而，前人歷經了漫長的探索，逐步發現、闡述電和磁的定律，才造就這登峰造極的一刻。這個故事我們留待下一學年再來詳細討論，在此先簡單描述一下。當初陸續發現的電與磁的性質，電力互相吸引或排斥、還有磁力的性質顯示出，雖然這些力相當複雜，但是它們卻全都與距離平方成反比。舉例來說，我們知道，靜止電荷的簡單庫侖定律是說，電力場與距離的平方成反比。因此，當距離夠大，那麼一組電荷對於另外一組電荷的影響就會非常小。

　　馬克士威試著把當時是已發現的方程式或定律放在一起，他注意到彼此有出入，為了要讓整個系統一致，他必須在自己的方程式中多加一項。這個新的項引發驚人的預測，就是有一部分的電場與磁場會隨著距離而減弱，但並非與距離平方成反比，而是跟距離的一次方成反比，減弱較慢！因此他理解到，即使相距很遠，甲地電

流仍可對乙地電荷有影響，同時他預測到一些我們今天所熟悉的無線電傳遞、以及雷達等等的基本效應。

　　某人在歐洲說話，單單透過電力的影響，就可以傳到幾千英里之外，讓位於洛杉磯的人聽到，聽起來像是奇蹟。這怎麼可能？這是因為電場不跟距離的平方成反比，而是與距離的一次方成反比。終於，人們瞭解到，即使是光本身也是可以跨越遠距離的電與磁的影響，光由原子中的電子振盪所產生，這種振盪之快速，令人難以置信。所有這些現象我們歸納成一個詞——**輻射**，或更明確一點，稱為**電磁輻射**，此外還有其他的一兩種輻射。輻射幾乎總是跟電磁輻射劃上等號。

　　宇宙其實都交織在一起。遠方星球上的原子運動足以影響到很遠的距離之外，使得我們眼中的電子也跟著運動，因此我們才知道星球的存在。如果這個定律不存在，我們就真的是像在黑暗中摸索，對外面的世界定然一無所知！即使離我們五十億光年遠的星系（目前已發現的最遙遠的星體），它的電力脈衝仍足以具體影響地球上無線電望遠鏡前方碟型天線的電流，因而偵測得到該星系。我們就是這樣而看得到星球和星系。

　　這樣精采的現象正是我們在這一章中將要討論的。這門物理課程開始的時候，我們曾經大致描繪出這個世界的粗略圖像。現在我們已準備好，可以更深入探討曾經討論過的一些觀點。我們先從十九世紀末物理所處的地位開始講起。當時已經知道的所有基本定律可以簡介如下。

　　首先是力的定律：其中之一就是重力定律，我們曾經寫過許多次了；質量 M 所產生的力，施加在另外一個質量為 m 的物體上時，這個關係可以寫成

$$\mathbf{F} = GmM\mathbf{e}_r/r^2 \qquad (28.1)$$

這裡的 $\mathbf{e}_r$ 是從 m 到 M 的單位向量，r 是它們之間的距離。

　　其次是電與磁的定律，在十九世紀末所知道如下：作用於電荷 q 的電力，可以用稱做 $\mathbf{E}$ 與 $\mathbf{B}$ 的兩個場，以及電荷 q 的速度 $\mathbf{v}$ 來描述如下：

$$\mathbf{F} = q(\mathbf{E} + \mathbf{v} \times \mathbf{B}) \qquad (28.2)$$

要完整陳述這個定律，我們必須說明在已知情況下的 $\mathbf{E}$ 與 $\mathbf{B}$ 的公式：假如有數個電荷存在，那麼 $\mathbf{E}$ 與 $\mathbf{B}$ 分別等於每個單獨電荷貢獻的電力、磁力之總和。所以假如我們能夠找出由每一個電荷所產生的 $\mathbf{E}$ 與 $\mathbf{B}$ 的話，我們只需要把來自宇宙中所有電荷的貢獻都加在一起，就可以得到總電場 $\mathbf{E}$ 與總磁場 $\mathbf{B}$！這就是疊加原理。

　　什麼樣的公式可以陳述由一個電荷所產生的電場與磁場？結果發現這個問題相當複雜，需要相當多的探討與推敲才能理解。但這不是問題的重點。我們現在寫下這個定律，主要是讓讀者體會自然界之美，美到只用一頁紙張，和目前熟悉的符號，就**足以**摘要說明基本知識的全貌。以上由一個電荷所形成的各種場的定律，就我們所知，既完整又正確（量子力學除外），只是看起來十分複雜而已。我們暫時不探討這定律所有的項目，只是把它寫下來給大家一個印象，表示它是可以寫出來的，同時藉此機會讓大家先看看它大約是什麼樣子。

　　事實上，陳述正確的電與磁定律，最**有用**的方法並不是我們現在即將要寫的方式，而是要用所謂的**場方程式**（field equation），我們把這留到下一個學年再來學習。但是在那個方法中所用到的數學記號不相同，而且是新的，我們暫且把這個定律用已經熟悉的記號

寫出來,雖然這個形式不利於計算。

電場 **E** 的方程式可以寫成

$$\mathbf{E} = \frac{-q}{4\pi\epsilon_0}\left[\frac{\mathbf{e}_{r'}}{r'^2} + \frac{r'}{c}\frac{d}{dt}\left(\frac{\mathbf{e}_{r'}}{r'^2}\right) + \frac{1}{c^2}\frac{d^2}{dt^2}\mathbf{e}_{r'}\right] \qquad (28.3)$$

這當中,各項所代表的是什麼?就拿第一項來說, $\mathbf{E} = -q\mathbf{e}_{r'}/4\pi$ $\epsilon_0 r'^2$ 。這當然是庫侖定律,我們已經知道: q 是產生電場的電荷; $\mathbf{e}_{r'}$ 是單位向量,方向是從測量到 **E** 的 P 點到 q 的方向, r 是從 P 到 q 的距離。可是庫侖定律並不正確。十九世紀的發現顯示,「影響力」不可能傳播得比某個基本速率 c 快(我們現在稱這個速率為光速)。所以第一項不應該是庫侖定律,不僅是因為它不能知道電荷在**這一刻**的位置與距離,而且因為只有電荷的**過去**行為,可以影響在某個位置與某個時間的電場。這個「過去」是多久?就是電荷以速率 c 到達場所在的 P 點所需的時間,稱為時間延遲,或者**推遲時間**(retarded time)。這個延遲的時間等於 r'/c 。

所以為了允許時間延遲的存在,我們加一個小撇(')在 r 上,表示現在到達 P 點的訊息當初從 q 出發到此的距離。電荷攜帶了一個光,而且光只能以速率 c 到達 P 。然後當我們注視 q 時,看不到這一刻 q 在哪兒,可是我們知道早先時候它在哪裡。出現在我們公式中的是**表觀**方向 $\theta_{r'}$ (apparent direction),即是以前的方向,也就是所謂的**推遲**方向(retarded direction),並且方向與**推遲**距離(retarded distance) r' 一樣。這應該比較容易瞭解,可是它也不對。整個問題並不是那麼簡單。

這個公式還有其他幾個項。粗略的說明,下一項所表示的是,彷彿大自然有意容許這個效應推遲的事實存在。意思是說,我們應該計算延遲的庫侖場,並且給它加上一個修正項,就是庫侖場的變化率乘以推遲時間。自然似乎想利用這個變化率乘以推遲時間,來

推測目前這一刻的電場是什麼。但是我們還沒有看完。還有第三項，與電荷同方向的單位向量對 t 的二階導數。現在這個公式**的確**完成了，隨意運動的單一電荷所產生的電場就盡在於此。

磁場可以由下面的公式來代表：

$$\mathbf{B} = -\mathbf{e}_{r'} \times \mathbf{E}/c \qquad (28.4)$$

到目前，我們寫下過這個式子，目的在展現自然之美，或是在某種意義上，顯示出數學的威力。**為什麼**少少幾個公式就足以道盡宇宙大道理，我們也無需不懂裝懂。然而(28.3)式與(28.4)式涵蓋了發電機運**轉**的機械原理、光怎樣運作，以及電與磁的所有現象。當然，若要完整敘述，我們多多少少還需要知道所牽涉到的物質的行為，也就是物質的特性，(28.3)式對此並沒有合適的交待。

我們必須提到在十九世紀所發生的另一個偉大整合，才能完整描述當時對這物理世界的認識，那就是熱與力學的整合，其中馬克士威也厥功甚偉。我們很快就會討論到那個主題。

這個認識到了二十世紀必須要再增加一點是，我們發現牛頓的力學定律完全不正確，必須要導入量子力學予以校正。牛頓力學大致適用在物體尺度夠大的時候。直到晚近，我們才結合量子力學定律與電學定律，組成一套稱為**量子電動力學**的定律。此外還陸續發現了許多新現象，首先是 1898 年（十九世紀結束前及時趕上）貝克勒耳（Antoine-Henri Becquerel, 1852-1908， 1903 年諾貝爾物理獎得主）發現了放射性。放射性現象開啟了我們後來對原子核以及一種新的力的認識，這種力既不是重力，也不是電力，而是具有不同交互作用的新粒子。這個主題至今尚未完全解開。

對於見識廣博的專家（例如剛好讀到這本書的教授），我們應該澄清，(28.3)式可以完整代表電動力學知識的這個說法並不完全

正確。十九世紀末，尚有一個問題沒有完全解決。當我們想針對所有電荷來計算電場時（**包括我們想讓電場作用的電荷本身在內**），遇到了難題，例如我們嘗試找出一個電荷與自己的距離（應該等於零），然後想把某個量除以零的距離，就發生困難了。怎樣處理這個由電荷本身所產生的電場，而這個電荷又是我們想讓電場對它起作用的電荷，這個問題至今仍然沒有辦法解決。所以我們就此打住；在完整解答出現之前，我們只好儘可能不去碰。

28-2 輻射

以上是十九世紀人們對物理世界認知的摘要。現在我們用它討論一下輻射的現象。要討論這個現象，我們必須借助(28.3)式中與距離成反比的部分，而不是與距離平方成反比的部分。人們後來終於找到那個部分時，發現它的形式竟是如此簡單，可以視為遠方某移動電荷所產生的電場，以這個「定律」足以適用在學習初級光學和電力學上。我們暫時把它當作已知定律，細節下學年將會詳細研究。

至於出現在(28.3)式中的各項，第一項很明顯是與距離平方成反比。第二項則只是針對延遲的修正，所以很容易看出兩者均與距離平方成反比。我們感興趣的效應都來自第三項，相形之下並不複雜。這一項是說：要注意電荷，還有單位向量的方向（我們可以把向量末端投影在單位球面上）。當電荷移動時，其加速的單位向量跟著變動，**我們所要找的就是這個單位向量的加速度**，如此而已。因此

$$\mathbf{E} = \frac{-q}{4\pi\epsilon_0 c^2} \frac{d^2\mathbf{e}_{r'}}{dt^2} \qquad (28.5)$$

上式是輻射定律的表達方式，因為當我們距離夠遠時，電場只剩與距離成反比的這一項還有點分量。（跟距離平方成反比的部分早已小到我們對它毫無興趣。）

現在我們可以更進一步研究(28.5)式，看看它到底是什麼意思。假設一個電荷正以任何方式隨意運動，而我們從遠處觀察。我們假想一下，在某種意義上它「點亮」了（雖然我們要解釋的正是「光」的概念）：想像這電荷是一個小白點，那麼我們會看見這個小白點跑來跑去。但是因為我們前面討論過的「延遲」的緣故，我們沒有辦法看見它**此刻真正**怎樣跑。重要的是，**較早時**它是怎樣在移動的。單位向量 $e_{r'}$ 指向電荷的表觀位置（apparent position）。當然 $e_{r'}$ 的末端軌跡是稍微彎曲的路線，所以它的加速度包括兩個分量。一個是橫向分量，因為它的末端可以往上或往下，而另一個是徑向分量，因為它一直停留在球面上。我們很容易證明，後者比前者小了很多，而且當 r 變得很大，它是跟 r 平方成反比。這也很容易看出來，因為我們可以假想，把一特定源愈移愈遠時，那麼 $e_{r'}$ 擺動的幅度由於跟距離成反比的關係，看起來愈來愈小，但是徑向部分的加速度會變化得更快，比距離反比關係更快。所以就實用目的上，只要把這個運動投影到單位距離外的平面上即可。

因此我們找出下面的規則：想像我們正注視著一個移動電荷，而我們所看見的每一樣東西都有所延遲，就好像畫家嘗試在單位距離外的屏幕上畫風景一樣。真正的畫家當然不會考慮到光是以某個速率行進，而只是畫下他所看到的世界而已。我們想知道，他畫出來的圖像什麼。我們看見了一個點，代表電荷，正在畫面上移動，而這個點的加速度與電場成正比。我們所需要的就是如此而已。

因此(28.5)式是完整又正確的輻射公式；甚至所有相對論效應都已經包括在內。然而，我們經常想把這個公式應用在更簡單的情

況，就是若干電荷以相對很慢的速率僅移動了一小段距離的情況。因爲電荷移動得很慢，它們不會移動到離起點很遠的地方，因此延遲時間基本上是定值。這樣一來，這個定律就簡單多了，因爲延遲時間是固定的。所以我們假想這個電荷是在實際上固定的距離內，進行非常小的運動。距離 r 的延遲是 r/c。那麼我們的規則變成如下所述：假如一個帶電荷的物體以非常小的運動在移動，而它橫向位移的距離是 $x(t)$，以及單位向量 $\mathbf{e}_{r'}$ 移動的角度是 x/r，同時因爲基本上 r 是一個定值，$d^2\mathbf{e}_{r'}/dt^2$ 的 x 分量也就是 x 本身在較早時候的加速度除以 r，因此我們總算是得到了我們所想要的定律：

$$E_x(t) = \frac{-q}{4\pi\epsilon_0 c^2 r} a_x\left(t - \frac{r}{c}\right) \tag{28.6}$$

a_x 分量中，只有垂直於視線的才重要，讓我們看看這是什麼原因。很顯然，假如電荷是正對著我們，直線向前或向後移動，在那個方向的單位向量完全不會擺動，因此也沒有加速度。所以才說只有橫向運動才重要，這也就是我們看到的投射在屏幕上的加速度。

28-3 偶極輻射器

做爲電磁輻射的基本「定律」，我們將要假設(28.6)式是正確的，也就是說，某個加速電荷在非常遠的距離 r 之外，以非相對論性的方式移動，它所產生的電場會接近(28.6)式的形式。電場與距離 r 成反比，同時也與電荷加速度投射在「視平面」上的值成正比，而且這個加速度不是現在的加速度，而是稍早所具有的加速度，延遲時間則是 r/c。本章剩下的篇幅，我們將繼續討論這個定律，深入瞭解它的物理意義，因爲我們靠它來瞭解所有與光及無線電傳播有關的現象，例如反射、折射、干涉、繞射，以及散射。這

是核心定律，我們所需要的也盡在其中。我們寫下整個(28.3)式的其他項目，以助辨別(28.6)式是從哪裡導出來的，以及它適用於什麼情況。

明年我們將進一步討論(28.3)式。此刻我們姑且認定它已成立，而且理論基礎不只一個。我們可以設計幾個實驗，來說明整個定律的特性。為了做到這一點，我們需要一個加速電荷。它應該是一個單獨的電荷，但是假如我們能夠讓許多電荷以同樣的方式一起移動的話，我們知道，電場是所有個別電荷效應的總和；我們只要把它們全加在一起。

舉例來說，就像圖28-1所表示的，把兩根金屬線連接到同一個訊號產生器上。它的概念是利用產生器造成電位差，也就是電場，它在某瞬間把電子從線 A 立刻推到線 B，接著在無限小的短暫時間之後，它反過來把電子從線 B 拉出，推回到線 A！所以在這兩根金屬線中的電荷，一會兒在金屬線 A 中加速向上，以及金屬線 B 中加速向上，刹那之後，它們又都在 A 與 B 中加速向下。事實上我們需要兩根金屬線和一個產生器，只是達到目的的一種方法。總結果是，我們有電荷在上下加速，好像 A 與 B 是同一根金屬線一

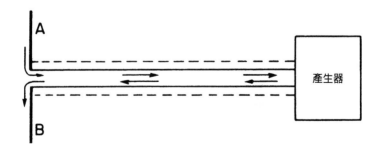

圖 28-1　高頻率訊號產生器驅使電荷在兩根金屬線上下移動。

樣。金屬線長度比光在一個振盪週期所走過的距離短得多時，這根金屬線稱為**電偶極振盪器**（electric dipole oscillator）。

我們已經具備了應用這個定律的所有條件。定律告訴我們這個電荷產生一個電場，因此我們需要一個儀器來偵測電場，而我們所用的儀器和上面所描述的一樣，是一對類似 A 與 B 的金屬線！假如施加電場到這樣的裝置上，它會產生一個力，把電子在兩根金屬線中同時拉上或是拉下。裝置在 A 與 B 之間的整流器，用一根又小又細的金屬線把信息帶到放大器把它放大，經過調頻，我們就可以聽到聲音。探針感測到外來電場時，會通過揚聲器發出聲響，但是如果沒有電場，就不會發出聲音。

在我們測量波的這個房間中，還有其他的物體，因此我們的電場也會使得其他物體中的電子振盪，讓其他電荷上下移動，上下移動的同時，反過來對我們的探針產生影響。因此若要實驗成功，我們必須要讓所有的東西全部緊靠在一起，如此，來自牆壁與我們本身的影響，也就是反射回去的波會相對的小。雖然所得到的現象不會完全與(28.6)式相符，但是會相當接近，足夠使我們體認這個定律。

現在我們打開產生器來聽聽聲波訊號。當偵測器 D 在 1 的位置，與產生器 G 平行，我們有強電場（見圖28-2）。我們也可以在環繞 G 軸其他方位角（azimuth angle）的地方，量到相同的電場強度，因為這效應沒有方向性。另一方面，當偵測器位於 3 的位置時，電場則是零。這是對的，因為我們的公式說，電場大小應該是電荷加速度**投影**到**垂直**於視線的平面的大小。所以當我們由 3 號點往下看 G 時，G 上的電荷是朝向或遠離探測器而移動，所以不產生任何作用。

這就是第一個規則，當電荷直接朝向我們移動時，不會產生任

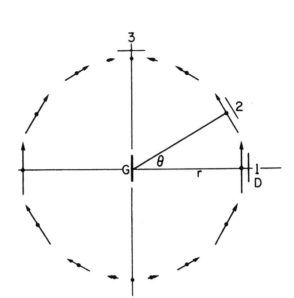

圖 28-2　球面上的瞬間電場，以小型線性振盪電荷為中心。

何效應。其次，公式指出，電場應該垂直於 r，而且要在 G 與 r 的平面上；所以如果我們把 D 放在 1 的位置並且讓它旋轉 90 度，應該得不到訊號。事實也是如此，電場確實是垂直的，而不是水平的。當我們把 D 移到某個中間角度時，我們看到最強的訊號發生在當它的方向如同圖 28-2 所表示的一樣（箭頭最長的地方），因為即使 G 是垂直的，卻沒有產生與它自己平行的電場，只有**垂直於視線的加速度投影，才能決定電場**。圖中在位置 2 的訊號會比 1 弱，就是因為投影效應。

28-4 干涉

接下來，我們要測試一下，緊靠在一起相距幾個波長的兩個源（見圖 28-3），會發生什麼情況。按照定律，當兩個源都連接到同一個產生器，兩個源在點 1 的效應要相加起來，因為兩個源都以同樣的方式上下移動，所以總電場是兩個電場的和，而強度則是單一個源時的兩倍。

現在有個值得玩味的可能性。假設我們讓位於 S_1 與 S_2 的兩個電荷都往上下加速，然後讓 S_2 的時間延遲，使相位差為 180°。在任一瞬間，S_1 所產生的電場，與 S_2 所產生的電場會在相反的方向，所以兩者對點 1 的位置而言，**不會**產生任何效應。振盪相位差可以利用把訊號帶到 S_2 的導管，予以巧妙的調整。只要改變導管的長度，即可以改變訊號達到 S_2 的時間，因此我們可以改變振盪

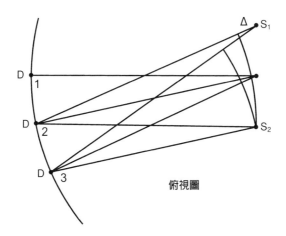

圖 28-3　點光源彼此干涉的示意圖

相位差。經由調整這個長度，我們可以找到完全沒有訊號的位置，縱使 S_1 與 S_2 都還在移動！事實上，我們也能夠測試出它們是否還在移動，因為只要切斷其中一個電荷的訊號，就可以看到另外一個電荷在動。所以調節適度可以讓它們產生零電場。

　　有趣的是，我們可以證明，檢驗兩個電場相加，實際上是**向量**的加法。我們剛才檢驗了上下運動的狀況，現在讓我們來查看一下方向不平行的運動。首先，我們把 S_1 與 S_2 調回到同一相位，也就是讓它們再齊步運動。現在我們把 S_1 旋轉 90°，如圖 28-4 所示。此刻在點 1 的位置我們應該得到兩個效應的和，一個是垂直的，另外一個則是水平的。電場則是兩個同相訊號的向量和，它們在同一時間變得很強，但也同時變成零；總電場則是在 45° 的訊號 R。假如我們為了捕捉最大聲響而轉動 D，那麼它應該是在 45° 方向而非垂直方向。如果我們把 D 轉到與這個方向成直角，那就什麼訊號也得不到了，這主張很容易用測量驗證出來。一點也沒錯，我們真的觀測到這些行為了！

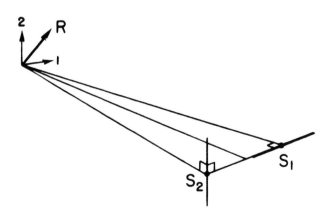

圖 28-4　源組合的向量特性示意圖

那麼推遲（retardation）又是怎麼一回事？我們怎樣證明訊號推遲了呢？我們當然可以利用許多儀器來測量訊號到達的時間，但是有另外一個非常簡單的方法就可以做到。我們再回到圖 28-3，假設 S_1 與 S_2 同相。它們同時振動，而且在點 1 產生相等的電場。然而，假定我們在 2 的位置，離 S_1 較遠而靠 S_2 較近。那麼，根據加速度就要延遲 r/c 的原理，如果推遲時間不相等，兩個訊號就不再同相。如此就有可能找到某個位置，在那裡從 S_1 與 S_2 到 D 的距離差是某個量 Δ，使得淨訊號為零。也就是說，這個 Δ 就是產生器的半個振盪週期時間內，光所走的距離。我們甚至還可以更進一步找出某個點，到 S_1 與 S_2 的距離差是一整個振盪週期，就是說，從第一個天線發出來的訊號到達點 3 的延遲時間，比第二個天線訊號到點 3 的延遲時間多出電流振盪一次所需要時間，所以兩個電場到點 3 又再次同相。因此點 3 位置的訊號又變強了起來。

以上我們利用實驗驗證了 (28.6) 式中的若干重要特性。當然我們並沒有真正檢驗電場強度是否隨 $1/r$ 而改變，或是磁場與電場並存的事實。要證明這些，需要十分精密繁複的技術，在現階段也不會增進我們的瞭解。總而言之，我們已經驗證了以後應用時非常重要的特性，下一個學年我們將會回來探討其他電磁波的問題。

第 29 章 干 涉

29-1 電磁波

這一章我們將用比較多的數學，來討論上一章的主題。兩個源所產生的輻射場有極大值與極小值，我們已有定性說明，現在則是用數學方法來詳細說明輻射場，不再只是從性質來看而已。

我們已經用物理方法相當圓滿的分析過(28.6)式，但是有幾點還需要用數學加以說明。首先，假如一個電荷沿著一直線，以非常小的振幅上下加速運動，在與運動軸形成某個角度 θ 的方位，其電場方向與視線成直角，並位於加速度與視線所在的平面上（見圖29-1）。如果距離是 r，那麼在時間 t，這個電場的大小是

$$E(t) = \frac{-qa(t - r/c) \sin \theta}{4\pi\epsilon_0 c^2 r} \tag{29.1}$$

此處 $a(t - r/c)$ 是在時間 $(t - r/c)$ 的加速度，稱為**推遲**加速度（retarded acceleration）。

如果能夠把在不同情況下的電場畫成圖，將會非常有意思。說它

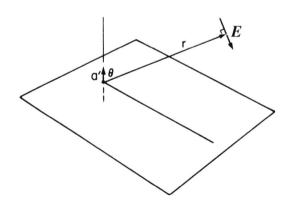

圖 29-1　推遲加速度為 a' 的正電荷所產生的電場 E

有意思是因為 $a(t - r/c)$ 的緣故，要瞭解它我們可以選最簡單的例子，讓 $\theta = 90°$，畫出電場的圖。我們以前探討的是，我們站在一個位置，然後找出電場如何隨著時間改變。然而現在我們想要知道的是，在特定瞬間，於空間的不同位置中，電場又是什麼樣的情況。所以我們所要的是一個「快照」，能夠告訴我們某一瞬間在不同位置上的電場情況。當然，這需要視電荷的加速度而定。

　　假設這個電荷先進行某種特定的運動：開始時電荷是靜止的，隨後它突然以某種方式開始加速（像圖 29-2 所表示的一樣），繼之又停下來。稍後我們在各個不同位置測量電場。我們可能主張電場看起來會像圖 29-3 所呈現的。每一位置上的電場都由電荷在某較早時間的加速度來決定，就是延遲時間 r/c 之前那瞬間的加速度。更遠位置上的電場，則由更早的時間的加速度來決定。所以在某種意義上，圖 29-3 中的曲線其實是加速度對時間的函數（圖 29-2）的「顛倒」作圖；距離等於時間乘以固定比例因子 c，我們通常讓這個 c 等於一單位。利用 $a(t - r/c)$ 的數學性質來考量，很容易就可以看出來這個關係。假如我們加上一點時間 Δt，顯然我們仍可以得到跟稍早相同的 $a(t - r/c)$ 值，因為那時的距離必須減去一小段距離 $\Delta r = -c\Delta t$。

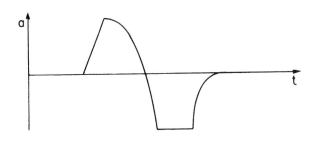

圖 29-2　一特定電荷的加速度是時間的函數

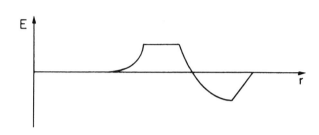

圖 29-3 在某稍後時間的電場對位置的函數（忽略 $1/r$ 的改變）

我們可以用另外一種方法來解說：假如我們加上一點時間 Δt，只要**加上一小段距離** $\Delta r = c\Delta t$，就可以把 $a(t - r/c)$ 還原到先前的值。也就是說，當時間繼續增加，**電場從源頭以波的形式向外移動**。這就是為什麼有時我們說，光以波的形式傳播。也等於是說電場有所延遲，或是說電場隨著時間向外移動。

有一個特別有趣的例子，就是電荷以振盪的形式上下移動。這個例子在上一章中我們已經用**實驗**的方法探究過，就是在任何時間 t，電荷的位移 x 等於某一個常數 x_0（即振盪大小）乘以 $\cos \omega t$。那麼加速度是

$$a = -\omega^2 x_0 \cos \omega t = a_0 \cos \omega t \qquad (29.2)$$

此處 a_0 是最大加速度，等於 $-\omega^2 x_0$。把這個公式代入 (29.1) 式，我們得到

$$E = -q \sin \theta \frac{a_0 \cos \omega(t - r/c)}{4\pi\epsilon_0 r c^2} \qquad (29.3)$$

先不要考慮角度 θ 與常數因子，讓我們來看它對位置或是對時間的函數，應該像什麼樣子。

29-2 輻射能

首先，在任何特定時刻，或是任何特定位置，電場的強度跟距離 r 成反比，我們以前就已提到。現在我們必須指出，某個波的能量含量，或是某個電場所擁有的**能量**效應，與場的**平方**成正比。因為舉例來說，假如我們在電場中有某種電荷或振盪器，如果我們讓這個電場對這個振盪器作用，就會使後者移動。假如這是一個線性振盪器，電場作用到電荷上所產生的加速度、速度及位移，全部與電場成正比。所以在電荷激發出來的動能，與電場的**平方**成正比。因此我們就認定，某個電場能夠輸送到另外一個系統的能量，與電場的平方成正比。

這個意義是說，一個源可以輸送的能量隨著距離的增加而減少；事實上，它**與距離平方成反比**。解釋非常簡單：假如我們要從錐體距離 r_1 處，蒐集所有可以得到的能量（見圖 29-4），在距離 r_2

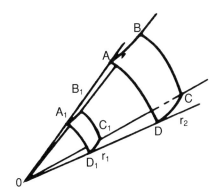

圖 29-4　在錐體 $OABCD$ 內流動的能量，與測量點的距離 r 無關。

處也重複同樣的步驟，我們發現，在任何一個位置上，每個單位面積的能量與 r 平方成反比，但是錐體截面的面積**直接**與 r 平方成正比。所以我們能夠從某已知錐體的波得到的能量是不變的，不管我們的距離有多遠！具體的說，假若到處裝上吸收式振盪器的話，我們能夠從整個波所得到的能量總和，必定是一個固定的量。

所以，E 的振幅隨 1/r 而改變，就等於在說，能通量（energy flux）永遠不會消失，這個能量不停的繼續擴散，擴散到愈來愈大的有效面積。我們因而理解到，當一個電荷開始振動以後，它會放出一些能量，永遠無法收回；這個能量愈離愈遠，但是不會減少。所以如果我們離得夠遠，遠到基本近似說法足以成立的地方，電荷就不能收回輻射掉的能量。當然，這個能量仍然還存在，並且可以給其他系統所接收。我們將在第 32 章中繼續討論這個「耗損」。

現在，讓我們更仔細的探討(29.3)式的波在特定位置對時間的函數，或在特定時間對位置的函數，如何在變化。我們仍然暫不考慮 1/r 的變化與相關常數。

29-3 正弦波

首先我們先選固定位置 r，然後看電場對時間的函數。電場以角頻率 ω 在振盪。角頻率 ω 可以定義為，**相位對時間的變化率**（每秒鐘改變的弧度）。這個我們以前也研究過，所以現在應該對它很熟悉了。**週期**是一次振盪，也就是一完整循環所需要的時間，我們也曾經推算過：它等於 2π/ω，因為 ω 乘以週期就是餘弦的一個循環。

現在我們介紹一個新的量，在物理上經常用到。它是應用在相反的情況，即我們固定時間 t，把波當作是距離 r 的函數的情況。

當然我們也注意到，(29.3)式的波對 r 的函數也是一種振盪。也就是說，除了我們忽略掉的 $1/r$ 以外，當我們改變位置時，可以看到 E 也在振盪。所以，類似 ω，這個稱為**波數**（wave number）的量，它的代表符號是 k，定義為**相位對距離的變化率**（每公尺改變的弧度）。這是說，在某固定的時間點，我們在空間中移動時，相位也跟著改變。

還有一個對應於週期的量，我們可以稱為空間中的週期，但是通常把它叫為波長，符號是 λ。波長是一整個週期循環所跨越的距離。波長等於 $2\pi/k$，這很容易瞭解，因為 k 乘以波長等於整個函數改變的弧度，是每公尺弧度變化率與距離公尺的乘積，而且我們必須讓一個週期的改變等於 2π。所以 $k\lambda = 2\pi$，這與 $\omega t_0 = 2\pi$ 完全相似。

就特定的波而言，頻率與波長之間有一個明確的關係，但是前面所說的 k（波數）與 ω（角速度）的定義，實際上是相當一般性的。也就是說，波長與頻率之間的關係在其他物理狀況下可能並不相同。然而，在我們的情況，相位對距離的變化率很容易決定，因為假若我們稱 $\phi = \omega(t - r/c)$ 是相位，那麼對距離 r 的偏微分，就是變化率 $\partial\phi/\partial r$：

$$\left|\frac{\partial\phi}{\partial r}\right| = k = \frac{\omega}{c} \tag{29.4}$$

有許多方式可以代表同樣的關係，例如

$$\lambda = ct_0 \tag{29.5} \qquad\qquad \lambda\nu = c \tag{29.7}$$

$$\omega = ck \tag{29.6} \qquad\qquad \omega\lambda = 2\pi c \tag{29.8}$$

為什麼波長等於 c 乘以週期？這很簡單，當然，因為假設我們是坐

著不動，靜待一個週期過去，以速率 c 行進的波，就會前進距離 ct_0，當然只移動了一個波長的距離。

在各種物理的情況中，除了光以外，k 與 ω 的關係可能就不是如此簡單。假如我們把距離界定為沿 x 軸，則沿著 x 方向移動，並且具有波數 k，與角頻率 ω 的餘弦波其一般公式應該寫成 $\cos(\omega t - kx)$。

我們已經介紹了波長這個概念，現在可以再多談一下使(29.1)式成為合理公式的情況。我們記得電場是由幾個部分組成的，其中一個與 r 成反比，另外一個 r^2 成反比，以及其他變化更快的部分。值得探討一下什麼情況之下，電場隨 $1/r$ 改變的那一部分特別重要，而其他部分相對很小。當然，答案是「只要我們離得『夠遠』」就行了，因為與距離平方成反比的一些項，相較於 $1/r$ 的項，早晚是可以忽略的。那麼要多遠才「夠遠」？答案是，定性來說，跟 λ/r 同級的那些項小於 $1/r$ 的項的時候。所以只要我們超過幾個波長之外，(29.1)式就是極佳的電場近似公式。有時我們把這超過幾個波長的區域叫做「波區」（wave zone）。

29-4　雙偶極輻射器

接下來討論兩個振盪器的共同效應，如何用數學找出在某定點的淨場（net field）。前一章我們所舉出的幾個例子的數學都很簡單。我們首先將從定性方面來討論這些效應，然後再深入到定量的問題。讓我們先看簡單的例子：兩個振盪器的中心點以及所有偵測器都位於同一水平平面上，而振盪器的振動是在垂直方向。

圖 29-5(a) 代表由上向下看這兩個振盪器的俯視圖，在這個特別的例子中，兩者在南北方向相隔半個波長，並且以同相位共同振

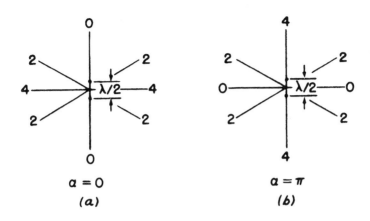

圖 29-5 相距離半個波長的兩組偶極振盪器在各方向的強度。(a) 為同相（$\alpha = 0$）；(b) 則為異相，相差半個週期（$\alpha = \pi$）。

盪，我們稱為零相差（zero phase）。現在，我們想找出各方向上的輻射強度。所謂強度，是指電場每秒鐘帶來能量的多少，它與電場的平方成正比，再對時間取平均值。所以，如果我們想知道光有多亮，要看電場平方，而不是電場本身。〔電場是靜止電荷所感受到的力之強度，但是經過它的能量（單位是瓦特每平方公尺）與電場平方成正比。第 31 章我們會導出這個比例常數。〕

　　如果我們從西邊來看這個陣列，兩個振盪器的貢獻相同，並且同相，所以電場是單一振盪器之電場的兩倍。因此，**輻射強度是單一振盪器的四倍**。（圖 29-5 中的數字，代表在這個狀況之下，是單一振盪器輻射強度的多少倍。）然而，不論在南方或北方，就是沿著兩振盪器排列方向，因為兩個振盪器相隔半個波長，相差半個振盪週期，效應剛好異相，所以兩個電場加在一起等於零。在特定的中間角度（事實上是 30°），強度等於 2 。各方向的強度以 4 、2 、0 等次序下降。我們必須要學怎樣找出在其他角度的數字來。

所以問題是，怎樣把相位不同的振盪器加在一起。

　　讓我們很快看一下幾個有趣的情況。假設這兩個振盪器仍相隔半個波長，但是把其中一個振盪器的相位 α 設定成比另一個振盪器慢半個週期（見圖 29-5(b)）。在西方的強度是零，因為當一個振盪器在「推」的時候，另外一個在「拉」。但是在北方，較近的振盪器所發出來的效應，會比另外一個早了半個週期。可是後者**原來**就是慢了半個週期，所以後者現在**及時**的趕上了前者，因此在這個方向的強度是 4 個單位。而在 30° 的方向的強度還是 2，這我們以後可以證明。

　　現在我們來講一個有趣例子，而且可能有用。我們先來說明振盪器的相位關係之所以有趣的理由，是因為它在定向無線電發射機（beaming radio transmitter）上的應用。舉例來說，假若我們建造一個天線系統以發送無線電訊號，比如說到夏威夷好了，我們按圖 29-5(a) 架起天線，用兩個同相的天線廣播，因為夏威夷在我們的西邊。然後，隔天我們又決定把方向轉向加拿大的亞伯達省廣播。因為加拿大在北方，而不是西方，我們只要把一個天線的相位轉到相反的方向，就可以向北方廣播了。所以我們建造的天線系統可以有種種設定安排。

　　目前的設置可能是最簡單的情形；我們也可以把它製做得很複雜，經由改變各個天線的相位，可以把波束往各個方向傳送，並且讓最強功率的波束傳播到我們所希望的方向，而不需要移動天線！然而，在前面的兩個情況中，當我們朝亞伯達省廣播時，會浪費許多功率送電波到南方的復活節島上。所以我們會問，可不可以只朝一個方向傳送？乍看之下，我們可能以為具有這類特性的一對天線，其功率分布永遠是對稱的。所以讓我們來考慮一下非對稱的情況，以證明一些可能的變化。

假如兩個天線相隔四分之一個波長,而且假設北方的天線,比南方的天線遲了四分之一個週期,那麼會是什麼情況(見圖 29-6)?在西方,我們得到 2 的強度,稍後我們就可以看出來。在南方,我們得到零,因為來自南方天線的訊號,與來自北方天線的訊號在**時間**上本來是落後了 90°,而且再加上原來的內建相位(built-in phase)落後了 90°,所以兩個訊號到達時恰好相位差了 180°,因而不發生任何效應。而另外一方面,在北方,北方天線訊號比南方訊號在時間上早到達 90°,因為距離靠近了四分之一波長。但是原先相位就設定成在時間上**落後** 90°,剛好補償延遲的差,所以這兩個訊號同相,使得電場的強度變為兩倍,而能量則增強成四倍。

因此,稍用一點巧思去調節天線的間隔以及相位,就可以把所有強度送往一個方向。但事實上,強度還是會分散到大角度範圍。我們是不是能夠安排讓它更集中往某一特定方向?讓我們再來仔細考慮一下夏威夷的情況,在那個情形,我們想要把波束送向東、西兩個方向,它還是會掃過很大的角度,即使是在 30° 的方向,我們

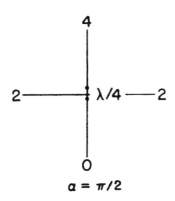

圖 29-6 一對偶極天線朝某個方向發出最大能量

仍然得到一半的強度，就浪費了許多功率。我們能不能改善這種情形？我們來選一個情況，讓兩個訊號源分隔十個波長的長度（見圖29-7），這更接近我們在上一章的實驗情況，是相隔好幾個波長，而不是一個波長的幾分之一。結果就大不相同了。

　　假如這兩個振盪器相隔十個波長（我們採用同相位的例子，這樣比較簡單一些），我們看到，在正東西方向，它們同相位，因此我們得到很大的強度，相當於單獨一個振盪器的四倍。若方向稍偏離了非常小的角度，使得到達的時間相差180°，強度就等於零。更精確一點說，如果我們從兩個振盪器各畫一條線到遠方的一點，而且兩條線的距離差 Δ 等於 λ/2（半個振盪），那它們就是異相。當這種情形發生時，就出現了第一個零點。（圖並不是完全依照比例，它只是一個略圖。）這就是說，我們真的在所希望的方向得到一個非常清楚的波束；因為只要方向稍微移動一點點，強度就是零。很不幸，在實用的目的上，假使我們想製造無線廣播天線列，而且讓距離的差 Δ 再加倍，那麼兩者相位差了一整個週期，恰好又變回同相位！如此我們得到許多最大值與最小值，正如我們在第

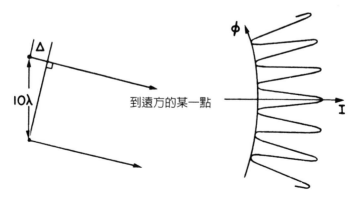

圖 29-7　相隔 10λ 的兩個偶極所產生的強度圖樣。

28 章中間隔 $2\frac{1}{2}\lambda$ 的情況一樣。

我們要怎樣安排才能把這些多餘的最大值,也就是稱為「波瓣」（lobe）的東西去掉呢?有一種十分有趣的方法可以去掉多餘的波瓣。假設我們在這現有兩個天線之間,再加進去一組天線。意思是說,外側的一對天線仍然相隔 10λ,但是在它們之間,比如說每隔 2λ,放進另外一根天線,並且讓它們都同相位。現在一共有六根天線,如果我們觀測東西向的強度,當然六個天線的強度應該比一個天線的強度要大了許多。電場當然也增加為六倍,而強度則增加為三十六倍（即電場的平方）。我們在這個方向得到了 36 單位強度。現在我們如果看看鄰近的點,會找到零點,大致像以前一樣,但是如果我們看更遠的地方,本來曾經有個大「凸起」,現在這個「凸起」則小了許多。讓我們看看為什麼。

理由是,當距離 Δ 恰好等於波長時,雖然我們可能期望會得到一個大「凸起」,這時第 1 偶極與第 6 偶極同相位,合起來會加強那個方向的強度。但是第 3 偶極與第 4 偶極分別與第 1 偶極與第 6

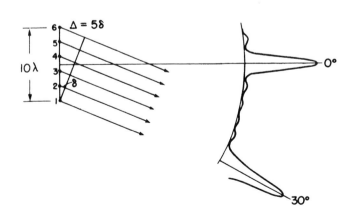

圖 29-8 六偶極天線列,以及部分強度圖樣。

偶極的相位差大約是 1/2 個波長，而且雖然第 1 偶極會與第 6 偶極聯手，第 3 偶極與第 4 偶極也會一同合作，可是相位相反。所以在這個方向的強度變得非常小，但不是完全沒有，因為並未完全抵消。這類情形不斷發生，我們因而得到很多微小「凸起」，但在我們選定的方向得到很強的波束。

可是在這個特別的例子之中，還有其他事情發生：那就是，因為**連續偶極**之間的距離是 2λ，於是就有可能找到一個角度，使得相鄰偶極之間的距離差 δ 恰好等於一個波長，所以來自所有偶極的效應又會同相位。每一個延遲相對於下一個延遲差了 360°，所以它們全又回到同相，於是我們在那個方向又得到另一個強波束！在實際應用上，這些是可以避免的，因為我們可以把這些偶極之間的距離縮短到少於一個波長。如果我們放進更多的天線，讓間隔距離更近，小於一個波長，那麼這個情形就不會發生了。事實是，這可能會發生在某些角度上，假如它們的間隔大於一個波長的話，然而在別的應用方面，這將是十分有趣而且有用的現象，但不是在無線廣播上，而是**繞射光柵**（diffraction grating）。

29-5 干涉的數學

現在我們已經結束了偶極輻射器現象的定性分析，接下來我們必須知道怎樣來定量分析。我們想以最廣泛適用的條件，找出兩個波源在某些特別角度上的效應，兩個振盪器之間有內在相對相位 α，而且兩者的強度 A_1 與 A_2 並不相等。我們發現，必須把兩個頻率相同、但相位不同的餘弦相加。相位差應該很容易可以找到；它是由距離的差別，以及振盪器的原有內建振盪相位，所造成的相位延遲。在數學上來說，我們必須找到兩個波的 R 總和：$R = A_1 \cos$

$(\omega t + \phi_1) + A_2 \cos (\omega t + \phi_2)$。我們怎樣才能求到解答呢？

事實上很簡單，我們推測大家應該已經知道怎樣去解它。然而，我們還是要把它的步驟稍微列出來。首先，假如我們的數學很好，對正弦跟餘弦有足夠的理解，那麼我們就可以把它解出來。最容易的例子是 A_1 等於 A_2 的情形，讓我們假設它們全都等於 A。在這種情況之下，舉例來說（我們稱呼它是三角解題方法），我們有下列式子：

$$R = A[\cos (\omega t + \phi_1) + \cos (\omega t + \phi_2)] \qquad (29.9)$$

過去在三角學課堂中，我們曾經學過一個規則：

$$\cos A + \cos B = 2 \cos\tfrac{1}{2}(A + B) \cos \tfrac{1}{2}(A - B) \qquad (29.10)$$

如果我們知道這個關係，就立刻可以把 R 寫成

$$R = 2A \cos \tfrac{1}{2}(\phi_1 - \phi_2) \cos(\omega t + \tfrac{1}{2}\phi_1 + \tfrac{1}{2}\phi_2) \qquad (29.11)$$

這樣我們就找到了具有新相位與新振幅的振盪波。

通常，得到的結果**將會**是有新振幅 A_R 的振盪波，以同樣頻率、不同相位差 ϕ_R 振盪〔我們稱 A_R 為合成振幅（resultant amplitude），ϕ_R 則稱做合成相位（resultant phase）〕。根據這個觀點，我們的特例有以下結果：它的合成振幅為

$$A_R = 2A \cdot \cos \tfrac{1}{2}(\phi_1 - \phi_2) \qquad (29.12)$$

而合成相位則是兩個相位的平均值，所以我們的問題全部解開了。

現在假設我們不記得兩個餘弦的和等於兩倍的「兩角和的一半之餘弦」乘以「兩角差的一半之餘弦」。那麼我們可以用另外一個方法來分析，比較偏重於幾何的方法。任何一個 ωt 的餘弦函數可

以想成是某個**轉動向量**的水平投影。

假設有一個長度為 A_1 的向量 $\mathbf{A}_1$ 隨著時間旋轉,它跟水平軸所構成的角度是 $\omega t + \phi_1$。(我們暫時不考慮 ωt,因為顯然不會有什麼不同)。假設我們在時間 $t = 0$ 拍了一張快照,雖然事實上,這個圖像應該是以角速度 ω 在轉動(見圖 29-9)。A_1 的投影沿著水平軸,正好是 $A_1 \cos(\omega t + \phi_1)$。在 $t = 0$ 時的第二個波可以用另一個向量 $\mathbf{A}_2$ 來代表,長度是 A_2,角度是 ϕ_2,也在轉動。它們同樣都以角速度 ω 在轉動,所以兩者的**相對**位置是不變的。這個系統就像某個**剛體**在轉動。向量 A_2 的水平投影是 $A_2 \cos(\omega t + \phi_2)$。

但是我們從向量的定理知道,假如用普通的方法把兩個向量加在一起,也就是根據平行四邊形法則,畫出合成向量 $\mathbf{A}_R$,這個合成向量的 x 分量等於原先兩個向量之 x 分量的總和。這樣就解決了我們的問題。用 $A_1 = A_2 = A$,這個特例很容易檢驗出來所得到的結果是對或錯。在這個例子裡,從圖 29-9 我們可以看出來,$\mathbf{A}_R$ 的

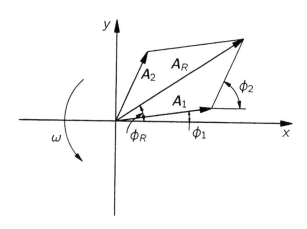

圖 29-9 用幾何方法結合兩個餘弦波。整個圖以角速度 ω 逆時鐘轉動。

位置恰好是在 A_1 與 A_2 的中間，跟兩個向量構成的角度各是 $\frac{1}{2}(\phi_2 - \phi_1)$。所以像前面一樣，我們看到 $A_R = 2A \cos \frac{1}{2}(\phi_2 - \phi_1)$。同時，從這個三角形我們可以看出來，當這兩個振幅相等時，A_R 旋轉時的相位，是 A_1 與 A_2 兩個角度的平均。很明顯的，我們同樣可以解出當這兩個振幅不相等的情況。以上方法，可以稱為**幾何**解題方法。

　　還有另外一個解題的方法，那就是**解析**方法。與其真正畫出像圖 29-9 的圖形，我們也可以用文字來描述圖中的情況：我們不畫出向量，而是用**複數**來代表每一個向量。這些複數的實部是實際物理量。所以在我們的特例中，波可以寫成：$A_1 e^{i(\omega t + \phi_1)}$（它的實部是 $A_1 \cos(\omega t + \phi_1)$）以及 $A_2 e^{i(\omega t + \phi_1)}$。現在我們可以把兩個加起來：

$$R = A_1 e^{i(\omega t + \phi_1)} + A_2 e^{i(\omega t + \phi_2)} = (A_1 e^{i\phi_1} + A_2 e^{i\phi_2})e^{i\omega t} \quad (29.13)$$

即

$$\hat{R} = A_1 e^{i\phi_1} + A_2 e^{i\phi_2} = A_R e^{i\phi_R} \quad (29.14)$$

這就解出我們想解答的問題，因為它用複數的大小 A_R 與相位 ϕ_R 來代表結果。

　　想要知道這個方法是怎樣運作的，讓我們先找出振幅 A_R，它是 $\hat{R}$ 的「長度」。要找出複數量的「長度」，我們通常把這個量乘以它的共軛複數，由此就可以得到長度的乘方。共軛複數是同樣的方程式，只是 i 的符號反過來。所以我們得到

$$A_R^2 = (A_1 e^{i\phi_1} + A_2 e^{i\phi_2})(A_1 e^{-i\phi_1} + A_2 e^{-i\phi_2}) \quad (29.15)$$

把這個乘出來，我們得到 $A_1^2 + A_2^2$（此處 e 互相抵消掉），以及有 e 的交叉項如下：

$$A_1 A_2 (e^{i(\phi_1 - \phi_2)} + e^{i(\phi_2 - \phi_1)})$$

然而

$$e^{i\theta} + e^{-i\theta} = \cos\theta + i\sin\theta + \cos\theta - i\sin\theta$$

它就是說，$e^{i\theta} + e^{-i\theta} = 2\cos\theta$。所以我們得到的最後結果是

$$A_R^2 = A_1^2 + A_2^2 + 2A_1 A_2 \cos(\phi_2 - \phi_1) \qquad (29.16)$$

我們可以看出來，這與圖 29-9 中用三角法則得到的 A_R 長度相符。

　　所以這兩個效應的總和等於，由其中一個源單獨導出的強度 A_1^2，加上從另外一個源單獨導出來的強度 A_2^2，再加上一個校正項。這個校正項稱爲**干涉效應**（interference effect），它實際上是我們用單獨強度的簡單加法所得到的強度，與眞正會產生效應的強度之差。不論它的值是正或負，都稱做干涉。（在一般的語言中，干涉是反對或阻擾的意思，但是在物理的用法與一般詞彙的意義不相同！）假如干涉項是正的，我們稱這種情況是**建設性**干涉（constructive interference），除了學物理的人以外，大約會聽起來相當可怕！相反的情況則稱爲**破壞性**干涉（destructive interference）。

　　現在我們來看看，怎樣把通用公式(29.16)應用在先前討論過的兩個振盪器的特殊例子。要應用這個通用的方程式，只需要找出訊號到達某定點的相位差，$\phi_1 - \phi_2$。（當然，它只隨著相位差而改變，而不是相位的本身。）所以讓我們來思考一下兩個振盪器的情況，它們振幅相等，相隔的距離是 d，具有內在相對相位 α。（當一個相位爲零時，另一個相位則是 α。）然後我們想知道，與東西向的直線成方位角 θ 的這個方向上，強度是多少。〔注意這個 θ 與 (29.1)式中的 θ 不同。我們也可以用一個不常見的符號 $\mathcal{U}$ 來表示，

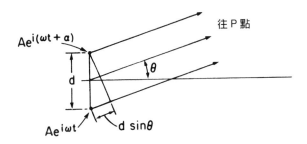

圖 29-10 兩個振幅相同的振盪器，彼此相位差是 α。

或是選擇慣用的 θ（例如圖 29-10 中所用的），各有利弊，很難決定。〕

相位的關係只能從 P 到兩個振盪器的距離的差 $d \sin \theta$ 獲知，所以從這個得到的相位差等於，$d \sin \theta$ 中的波長之個數，乘以 2π。（更精細一點的話，相位差可以用波數 k，也就是相位隨距離改變的變化率，乘以 $d \sin \theta$；但兩者完全相同。）因此由距離差所造成的相位差等於 $2\pi d \sin \theta/\lambda$，但是由於振盪器之間的相位差，還要多加一個相位 α。所以訊號到達時的相位差應該是

$$\phi_2 - \phi_1 = \alpha + 2\pi d \sin \theta/\lambda \qquad (29.17)$$

這個就解決了所有情況的問題。因此在 $A_1 = A_2$ 的例子中，我們只要把上式代進(29.16)式中即可，就可以算出等強度的兩個天線所造成的各種結果。

現在讓我們來看看，各種不同的例子中會得到什麼樣的結果。舉例來說，圖 29-5 中在 30° 的強度是 2，我們知道原因如下：這兩個振盪器位置相隔 $\frac{1}{2}\lambda$，所以在 30° 的地方，$d \sin \theta = \lambda/4$。因而 $\phi_2 - \phi_1 = 2\pi\lambda/4\lambda = \pi/2$，所以干涉項等於零。（我們是把夾角

90° 的兩個向量加在一起。）其結果是一個 45° 直角三角形的斜邊，等於 $\sqrt{2}$ 乘以單位振幅；然後再平方，我們得到**強度**的就是單一振盪器的兩倍強度。所有其他的例子，都可以用同樣的方法來解。

第 30 章 | 繞 射

30-1 n 個相等振盪器的合成振幅

這一章接續上一章的討論，只是在名稱上從**干涉**改為**繞射**。從來沒有人能夠具體界定干涉與繞射的區別。只差在你怎麼用而已，它們之間並沒有具體、重要的物理差異。我們頂多能大致說，如果只有幾個波源，比方兩個，互相干涉，那麼這稱為干涉，但是假如有許多波源，繞射一詞似乎比較常用到。所以我們不必在意它到底是干涉或繞射，只要繼續上一章關於這個主題的討論。

我們現在要討論的情況是 n 個間隔距離相等的振盪器，它們的振幅全都相等，但是相位不同。相位之所以不同，可能是因為它們原先就有不同的相位，或者因為我們是從某一個角度來看它們，因而時間延遲不同。不管是什麼原因，我們必須要加進一些東西，像是：

$$R = A[\cos \omega t + \cos(\omega t + \phi) + \cos(\omega t + 2\phi) + \cdots \\ + \cos(\omega t + (n-1)\phi)] \tag{30.1}$$

此處 ϕ 是從特定方向所看到，某個振盪器與鄰接的振盪器之間的相位差。明確的說，就是 $\phi = \alpha + 2\pi d \sin \theta/\lambda$。

現在我們用幾何方法把所有的項加在一起。第一項的長度 A，相位等於零。下一項長度還是 A，其相位等於 ϕ，再下一項長度又是 A，相位等於 2ϕ，如此繼續下去。所以，很明顯的，我們正繞著一個 n 邊的等角多邊形（見圖 30-1）。

現在，再看每個頂點，當然全部在同一個圓周上，假如我們能找到圓周的半徑，就可以很容易找到淨合成振幅。假設 Q 是圓心。我們知道角度 OQS 恰好是一個相位角 ϕ（這是因為半徑 QS 跟

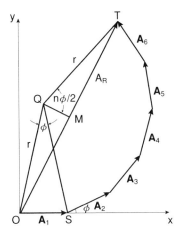

<u>圖 30-1</u>　$n = 6$、具有淨連續相位差 ϕ 的等間距波源，所產生的合成振幅。

$\mathbf{A}_2$ 的幾何關係，與 QO 跟 $\mathbf{A}_1$ 的幾何關係一樣，所以在它們之間所夾的角是 ϕ）因此半徑 r 必定使 $A = 2r \sin \phi/2$ 成立，這就決定了 r。但是大角 OQT 等於 $n\phi$，所以我們找到 $A_R = 2r \sin n\phi/2$。把這兩個結果合在一起，消去 r，我們得到

$$A_R = A \frac{\sin n\phi/2}{\sin \phi/2} \tag{30.2}$$

因此，合成強度是

$$I = I_0 \frac{\sin^2 n\phi/2}{\sin^2 \phi/2} \tag{30.3}$$

現在讓我們來分析一下這個方程式，以及導出的結果。首先，我們可以讓 $n = 1$ 來測試一下。得到的結果是 $I = I_0$。接下來當 $n = 2$：因為我們知道 $\sin \phi = 2 \sin \phi/2 \cos \phi/2$，所以我們得到 $A_R = 2A \cos \phi/2$，這與 (29.12) 式相符。

原先我們考慮把幾個波源相加在一起的想法，是為了在某一方

向上得到比其他方向更高的強度；是爲了把只有兩個波源時，本來會出現的目標方向以外的最大值予以減弱。爲了要證明這個效應，我們把 (30.3) 式對 ϕ 作圖，假設 n 非常非常大，並且只畫出 $\phi = 0$ 附近的區域。首先，如果 ϕ 正好等於零，我們得到 0/0，但是如果 ϕ 非常小，這兩個正弦的平方比等於 n^2，因爲極小角度的正弦與角度近似。所以這曲線最大值的強度等於 n^2 乘以單個振盪器的強度。這很容易看出來，因爲假如所有振盪器全在同一個相位，那麼每個小向量就沒有相對的角度，所有 n 個波源相加在一起，結果振幅變爲 n 倍，而強度也增加爲 n^2 倍。

當相位 ϕ 增加時，兩個正弦的比開始變小，並且當 $n\phi/2 = \pi$ 時，這個比值第一次到達零，因爲 $\sin \pi = 0$。換句話說，$\phi = 2\pi/n$ 時，相當於在曲線上的第一個最低點（見圖 30-2）。再回頭看圖 30-1 中的箭頭情形，第一個最小值發生在當所有的箭頭又回到了起始點；它的意思是說，所有箭頭的角度累積起來，也就是第一個與

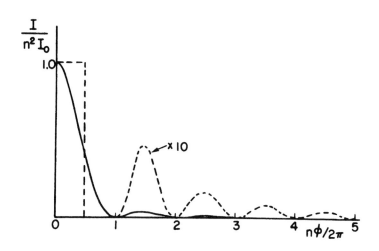

圖 30-2　許多個等強振盪器的相對強度對 $n\phi/2\pi$ 的函數

最後一個振盪器之間的總相位差必須是 2π 才能回到原來方向。

現在我們來看下一個最大值，我們要看看它是否真的像我們所希望的一樣，比第一個最大值小了許多。我們不必很準確的找到最大值的位置，因為(30.3)式中的分子與分母都是變數，但是當 n 值很大時， $\sin \phi/2$ 的變動比起 $\sin n\phi/2$ 慢了許多。所以當 $\sin n\phi/2 = 1$ 時，我們就非常接近最大值了。 $\sin^2 n\phi/2$ 的下一個最大值出現在 $n\phi/2 = 3\pi/2$ ，也就是 $\phi = 3\pi/n$ 。這個相當於箭頭在圓周上轉了 1.5 次。

把 $\phi = 3\pi/n$ 代入公式中就可以找到這個最大值的大小，我們在分子中找到 $\sin^2 3\pi/2 = 1$ （這就是為什麼我們選擇這個角的理由），同時在分母中得到 $\sin^2 3\pi/2n$ 。假如 n 夠大，這個角會非常小，而且正弦就等於這個角。所以在實用目的上，我們可以讓 $\sin 3\pi/2n = 3\pi/2n$ 。因此我們找到在這個最大值的強度是 $I = I_0 (4n^2/9\pi^2)$ 。但是原先的最大強度是 $n^2 I_0$ ，現在得到的結果是 $4/9\pi^2$ 乘以最大強度， $4/9\pi^2$ 大約是 0.045 ，比百分之五還少！當然，離得愈遠，強度也跟著下降得更多。所以我們有一個十分明顯的中央最高峰，以及許多非常弱的輔峰在旁邊。

我們可以證明這整個曲線下的面積，包括所有小凸起下的面積，等於 $2\pi n I_0$ ，也就是等於圖 30-2 中虛線長方形面積的兩倍。

現在我們更進一步探討怎樣把(30.3)式應用在各種不同的情況上，並且嘗試瞭解發生的現象。現在思考圖 30-3 中，所有的波源都位於一條線上的情形。波源一共有 n 個，彼此的間距是 d ，同時我們假設從一個波源到下一個波源，內在相對相位差 α 。那麼，假如我們從與法線夾角 θ 的方向觀測，還有另一個相位差 $2\pi d \sin\theta/\lambda$ ，這是因為兩個連續波源到該方向有時間延遲，這點我們以前也曾經討論過。因此

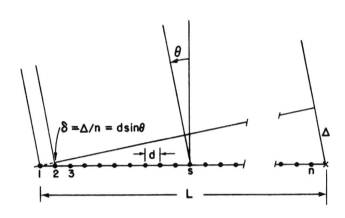

<u>圖 30-3</u>　n 個一樣的振盪器成直線排列，第 s 個振盪器的相位 $\alpha_s = s\alpha$。

$$\phi = \alpha + 2\pi d \sin \theta / \lambda$$
$$= \alpha + kd \sin \theta \tag{30.4}$$

　　首先，我們先來討論 $\alpha = 0$ 的情況。這是表示所有的振盪器都在同一個相位，我們想知道強度對角度變化的函數。要找出答案，我們只需要把 $\phi = kd \sin \theta$ 代進(30.3)式中看看。最初，在 $\phi = 0$ 處，出現一個最大值。意思是說，當所有振盪器都在同一個相位時，在 $\phi = 0$ 的方向能夠得到很大的強度。另一方面，令人感興趣的問題是，第一個最小值在那裡？答案是，發生在 $\phi = 2\pi/n$ 的時候。換句話說，在 $2\pi d \sin \theta / \lambda = 2\pi/n$ 時，我們得到曲線的第一個最小值。假如我們去掉這些 2π，可以讓我們看得更清楚一點，它所表示的是

$$nd \sin \theta = \lambda \tag{30.5}$$

現在讓我們以物理的觀念來解釋，為什麼會在這個位置得到最小值。nd 是這整個排列的總長度 L。再回到圖 30-3，我們可看出，$nd \sin \theta = L \sin \theta = \Delta$。(30.5)式所表示的是，在 Δ 等於**一個波長**的

時候，我們可以得到一個最小值。那麼爲什麼當 Δ = λ 的時候，我們會得到一個最小值？答案是，因爲各種不同的振盪器的效應是均勻的分布在各個從 0° 到 360° 的相位。圖 30-1 中的箭頭轉了一整個圈。表示我們把各個方向的相同向量全部加在一起，得到的和等於零。所以當我們有一個角度，使得 Δ = λ 時，我們就可以得到一個最小值。它同時也是第一個最小值。

(30.3)式還有另外一個重要的特性，假如角度 ϕ 的增加值是 2π 的倍數時，這個公式不會有差別。因此我們看出在 $\phi = 2\pi$、4π、6π 等等，將會得到其他最大值。接近每一個最大值的地方，都會重複出現與圖 30-2 相同的圖樣。我們可能要自問，導致其他最大值的幾何條件應該是什麼？答案是，在 $\phi = 2\pi m$ 的情況之下，此處的 m 可以是任何整數。意思是，$2\pi d \sin \theta/\lambda = 2\pi m$。除以 2π 之後，得到

$$d \sin \theta = m\lambda \qquad\qquad (30.6)$$

這個看起來與(30.5)式類似。實際上不是，(30.5)式是 $nd \sin \theta = \lambda$。它們不同的地方是，在此處我們必須要注意**個別的波源**，同時當我們說 $d \sin\theta = m\lambda$，意思是，我們有某個角度 θ 使得 $\delta = m\lambda$。換言之，現在每一個波源各提供某一數量的強度，並且所有相鄰的波源，相位差都是 360° 的倍數，所以等於又是**同相位**，強度通通相加。它們全部都同相，就像先前討論過的，在 $m = 0$ 的情況下一樣，產生很高的最大值。這樣的側向最大值（subsidiary bump），以及整個圖樣的形狀，就像靠近 $\phi = 0$ 的情形一樣，即在兩邊都有形狀完全一樣的一群最小值。因此這樣的振盪陣列會把若干波束送到各個不同的方向，每一波束都具有一個強大的中央最大值與一些較弱的「旁波瓣」（side lobe）。這些強大波束稱爲零階波束、一階波

束等等，完全根據 m 的值而定。 m 稱為光束的 **階**（order）。

　　在這裡提醒大家注意一個事實，假如 d 小於 λ，那麼 (30.6) 式就無解，除非 $m = 0$。所以如果間距太小，就只有一個波束可以存在，就是零階波束，它的位置是以 $\theta = 0$ 為中心。（當然，在反方向還有另外一個光束。） 若要得到（$m \neq 0$ 的）側向最大值，我們必須要讓振盪器陣列的間距 d 大於一個波長。

30-2 繞射光柵

　　在用到天線或金屬線的專業工作中，我們可以把許多小振盪器或是天線的相位安排成一樣。問題是，對光我們能不能也做同樣的安排，而且要怎麼做到？打造小型的光頻無線電台，把它們用無限短的金屬線連接起來，而且用特定相位來**驅動**它們，這個我們目前還無法真正做到。但是有一個非常簡單的方法，能夠達到同樣的效果。

　　假設我們有許多平行金屬線，以相等間距 d 分隔開來，而且在非常遠的地方（就當作是無限遠的地方）有一個射頻源（radiofrequency source），它能夠產生一個電場，傳送到每一根金屬線時，相位都一樣。因為射頻源離得那麼遠，對所有的金屬線來說，延遲時間都相等。（大家可以自己推理曲面陣列的情形，但是現在我們先看平面陣列。） 這個外加的電場就可以**驅使**每一根金屬線中的電子上下運動。這就是說，來自原始射頻源的電場可以使金屬線中的電子上下運動，所以金屬線就變成了**新的產生器**。這個現象稱為散射：從某源頭來的光波，能夠激發物質裡電子的運動，而這些運動又可以產生它們自己的波。

　　所以只需要裝置許多金屬線，把它們等間隔排列，用一個離得

很遠的射頻源來驅動它們，達到我們所要的效果，而不需要特地裝設一大堆線路。假如波是沿法線方向入射，所有的相位會相等，跟討論過的例子完全相同。因此，如果金屬線的間距大於波長，不只在法線方向會有強度巨大的散射，並且根據(30.6)式，在其他方向也會有。

　　這種情況也可以應用在光上！在這個情況，我們不用金屬線，而是用一片平坦的玻璃，在上面刻畫上許多刻痕，每一個刻痕的散射都和玻璃上的其他散射稍微不同。假若用光照耀在玻璃上，每一個刻痕又都變成了一個新光源。如果我們讓刻痕的間距非常細，但還是大於一個波長（嚴格說來，讓間隔小於波長本來就幾乎不可能），然後我們會看到很神奇的現象：光不但是直線穿過，並且視刻痕的間隔而定，在某角度上出現強大的光束！這種東西實際上已經做出來了，並且廣為應用，它們稱為**繞射光柵**。

　　其中有一種繞射光柵，就只有一片透明、無色、上頭有刻痕的玻璃板。通常每公釐內刻上數百條刻痕，並且**非常**小心仔細的使它們等間隔排列。想看這種光柵的效應，可以安排狹窄、垂直的光（一條縫隙的影像）投射到屏幕上。當我們把光柵插到光束中，並且讓刻痕垂直，我們看見原先的亮線仍然還在屏幕上，在兩側**另外**各有一片強光，而且還是**彩色的**。

　　這當然就是那個縫隙的影像擴散開來的結果，因為在(30.6)式中的 θ 角隨著 λ 而改變，而不同顏色的光，就我們所知，對應不同的頻率，因此波長也不同。最長的可見波長是紅光，同時因為 $d \sin \theta = \lambda$，所以它需要較大的 θ 角。我們的確在偏離中央影像較大角度的地方看到紅光！在另外一側也應該有一組光束，一點也沒錯，我們在屏幕看到另外一組。當 $m = 2$ 時，(30.6)式可能還有另外一個解。我們確實看到有一些模糊不清的弱光，再往外側看，甚至還

有一些其他的光束。

　　我們先前才剛說過，所有這些光束都應該具有同樣的強度，但是事實上並非如此，甚至右側第一組光束與左側第一組光束都不見得相等！理由是，光柵正是為了要達到這種效果而精心製造出來的。怎樣製造的呢？理論上，假如這個光柵包含許多非常細小的刻痕，具有極微小的寬度和均勻的間隔，那麼所有光束強度會真的相等。但是事實上，我們到目前只看到了最簡單的例子，當初大可以考慮**成對**的天線陣列，讓每個天線各有特定強度與特定相對相位。如此一來，就可能在不同階繞射得到不同的強度。通常光柵是切割成「鋸齒狀」的凹槽，而不是對稱的細刻痕。這些「鋸齒狀」凹槽經過小心安排，就可以把更多的光送到特定的光譜階。對實際應用的光柵來說，我們會希望某一階的光愈強愈好。這想法聽起來雖複雜，但卻是明智之舉，因為這樣一來，光柵的應用價值就更高了。

　　到目前為止，我們所舉的例子，都是相鄰波源的相位差一致的情形。但是我們有 ϕ 的公式可處理相鄰波源相位差等於角度 α 的情形。那就需要能調控天線相鄰波源的些許相位差。我們對光是否也可以這樣安排呢？當然可以，而且很容易做到。假設光源在無限遠處，光**有點傾斜**、以 θ_{in} 的角度進入，我們所討論的散射光離開時是以角度 θ_{out} 出去（見圖 30-4）。這裡的 θ_{out} 與我們前面討論用到的 θ 相同，但 θ_{in} 僅是讓各光源的相位不同的一種手段。由遠處光源來的光，首先碰撞到光柵上的一個刻痕，然後下一個刻痕，如此繼續下去，相位一一偏移，我們可以看出來，相位差是 $\alpha = -2\pi d \sin \theta_{in}/\lambda$。所以在光傾斜進出的情形下，我們找到光柵的公式：

$$\phi = 2\pi d \sin \theta_{out}/\lambda - 2\pi d \sin \theta_{in}/\lambda \qquad (30.7)$$

讓我們來看看在這些情況下，哪裡可以得到強大的強度。要獲得巨

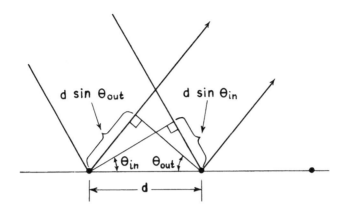

圖 30-4 光柵上的相鄰刻痕讓光產生繞射，光線的路徑差等於 $d \sin \theta_{\mathrm{out}} - d \sin \theta_{\mathrm{in}}$ 。

大強度的條件當然是 ϕ 必須為 2π 的倍數。此處有幾個有趣的地方需要注意。

有一個情況特別有趣，發生於 $m = 0$ 的情形下，其中 d 小於 λ ；事實上，這也是唯一的解。在這個情況中，我們看到 $\sin \theta_{\mathrm{out}} = \sin \theta_{\mathrm{in}}$ ，意思是說，光離開的方向與光激發光柵的**方向相同**。我們可能認為光是「直接通過」。事實上卻不是如此，因為它們是兩種**不同的光**。那種「直接通過」的光是來自原來的光源；而我們現在所說的光，則是**由散射所產生的**新光線。結果就是，散射光行進的方向與原來的光方向相同，而且實際上它也能干涉原來的光，這個性質我們留待後面再討論。

對於這個情況還有另外一個解。對某一個 θ_{in} 來說， θ_{out} 可能是 θ_{in} 的**補角**。如此能使 (30.7) 式也等於零。所以我們不但得到一個與原來入射光束同方向的新光束，而且在另外一個方向也得到一個光束，這個方向，如果我們仔細的思考一下，就會發現**入射角與**

散射角相等。我們稱這個是**反射光束**（reflected beam）。

　　所以我們逐漸瞭解到反射的基本機制：進來的光導致反射體中的原子運動，這個反射體接著產生**新的波**。散射方向的解之一是，假若兩散射體之間的間隔小於一個波長，就會**只有一個解**，即光出來的角度等於光進去的角度！

　　接下來，我們討論 $d \to 0$ 這個特別情況。這就是說，好比這個物體是一個固體物質，具有固定的長度。此外，我們要求從一個散射體到接鄰的另外一個散射體的相移趨於零。換句話說，我們在兩個天線中間放入愈來愈多的天線，使每一個的相位差變得愈來愈小，但是天線數目的增加方式是讓總相位差（從全部天線的一端到另外一端）等於固定值。這時(30.3)式會變成什麼樣，假如我們讓一端到另外一端的相位差 $n\phi$ 保持為定值（比如說 $n\phi = \Phi$），並且讓這個 n 數目趨於無窮大，同時單一相移 ϕ 趨於零。由於現在 ϕ 已經變得很小，以致於 $\sin \phi = \phi$，而且如果我們能夠認出 $n^2 I_0$ 就是 I_m（在光束中央的最大強度），我們便得到

$$I = 4I_m \sin^2 \tfrac{1}{2}\Phi / \Phi^2 \tag{30.8}$$

圖 30-2 所顯示的就是這個極限的情況。

　　這個情況下，我們發現同樣的普遍圖像，和有限的間距 $d > \lambda$ 的情形類似，所有的「旁波瓣」基本上與以前的相同，只是更高階的最大值不再存在而已。如果所有的散射體全部同相位，則我們可以在 $\theta_{out} = 0$ 的方向得到一個最大值，以及在距離 Δ 等於 λ 時得到一個最小值，就像 d 與 n 皆為有限的那般。所以利用積分而不是加法，我們甚至可以分析**連續**分布的散射體或是振盪器的情況。

　　舉例來說，假設有一長排振盪器，而電荷是沿著排列方向振盪（見圖 30-5）。從這樣的排列，最大的強度與整串振盪器的方向垂

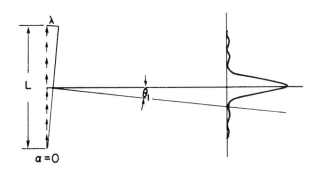

圖 30-5　一組連續直線排列的振盪器，強度圖樣中有一個很強的最大值，以及許多較弱的「旁波瓣」。

直。離開赤道面稍有些強度，但是非常小。利用這個結果，我們可以處理更複雜的情況。假設我們有一組這樣排列的金屬線，每一金屬線在與其垂直的平面上，都產生一個光束。要想從一組長金屬線上找出各種方向的強度（而不是每一截都很短的金屬線），跟以前遇到無限小的金屬線的情形一樣，只要我們是在垂直金屬線列的中央平面上；我們可以把每根長金屬線的貢獻加起來。這就是為什麼，雖然我們事實上只分析過極小天線的情形，我們其實也可以用具有既長又窄的凹槽的光柵。每一條長凹槽只在它自己的方向產生效應，而不是上或下，但是它們全部水平的相鄰在一起，所以在那樣的情形下它們可以產生干涉。

　　因此利用直線、平面、或是立體排列的散射體分布，我們可以造出更複雜的情況。我們最先要做的是，考慮散射體在一直線上的情形，然後將分析推廣至長條狀的情形；我們可以只利用必要的加法來完成，只要把個別散射體的貢獻加在一起就行了。這個定律永遠不會改變。

30-3 光柵的鑑別率

我們現在已準備好來瞭解幾個有趣的現象。例如，應用光柵可以把不同波長的光分開。我們注意到整個光譜在屏幕上展開來，所以光柵可以用來當作一種儀器，把光分成不同的波長。其中一個頗具趣味的問題是：假設有兩個頻率稍微不同，或是波長不同的光源，波長需要多接近，才使得光柵無法分辨出它們是兩個不同的波長？紅光與藍光可以清楚的分開來，沒有問題。但是假若有一個波是紅光，另外一個波是更紅一點的光，兩者非常接近，那麼它們到底需要多接近，才讓我們分不出來？這問題就稱爲光柵的**鑑別率**（resolving power）。下面所討論的是分析這個問題的一個方法。

考慮某單色光，假設我們恰好知道它繞射光束的最大值發生於某一個角度上。如果我們改變它的波長，相位 $2\pi d \sin \theta/\lambda$ 也會跟著改變，此時當然最大值就會落在另外一個角度上。這就是爲什麼紅光與藍光會擴展開來的緣故。角度的差需要多大，我們才能看到這種顏色的展開呢？如果兩個最大值剛好重疊在一起，我們當然看不見這種展開的現象。如果其中的一個最大值離另外一個最大值夠遠的話，那麼我們就可能在光分布上看見雙峰。假如想看到這個雙峰，下面所稱的**瑞立判據**（Rayleigh's criterion），是最常用的簡單依據（見圖 30-6）。它是說，一個波峰的第一最小值應該位於另外一個波峰的最大值上。當其中一個的最小值座落在另外一個的最大值時，我們非常容易計算出波長之間的差。而最容易的方法，就是利用幾何解法。

對於波長爲 λ' 的光來說，如要找出其強度最大值，距離 Δ（見圖 30-3）必須要等於 $n\lambda'$，並且假如我們所注視的是第 m 階的光

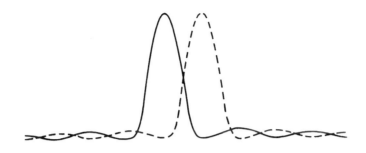

圖 30-6　瑞立判據的示意圖。一個圖樣的最大值落在另外一個圖樣的第
　　　　　一個最小值。

束，它等於 $mn\lambda'$。換句話說，$2\pi d \sin \theta/\lambda' = 2\pi m$，所以 $nd \sin \theta$
（也就是Δ）等於 $m\lambda'$ 乘上 n，即 $mn\lambda'$。對另外一個波長為 λ 的光
束，我們要在這個角度有一個強度**最小值**。意思是，我們要 Δ恰好
比 $mn\lambda$ 大一個波長 λ。也就是，$\Delta = mn\lambda + \lambda = mn\lambda'$。因此如果
$\lambda' = \lambda + \Delta\lambda$，我們得到

$$\Delta\lambda/\lambda = 1/mn \tag{30.9}$$

$\lambda/\Delta\lambda$ **這個比率就是光柵的鑑別率**：我們可以看出來它等於光柵上
面全部線條的數目乘以階數。

　　我們不難證明，這個公式相當於「頻率誤差等於參與干涉的兩
條極端路徑的時間差之倒數」的公式：*

$$\Delta\nu = 1/T$$

*原注：在我們的情況下，$T = \Delta/c = mn\lambda/c$，此處 c 是光速。
　頻率 $\nu = c/\lambda$，所以 $\Delta\nu = c\Delta\lambda/\lambda^2$。

事實上，這是最容易記住的方法，因爲這個一般公式不僅應用在光柵上，也可以應用在其他的儀器上，而特殊公式(30.9)則是專門應用在光柵上的。

30-4　拋物面天線

現在我們要來討論鑑別率的另外一個問題。這與無線電望遠鏡（radio telescope）有關，我們用這種望遠鏡來觀測天空中無線電波源的位置，也就是以角度來論這無線電波源應該有多大。當然假如我們用舊天線去找尋訊號，我們不知道訊號是從哪個方向來的。我們最想知道的是無線電波源的準確位置。有一個方法就是在澳大利亞陸地上，設置一連串等間距的偶極電線，然後把這些天線上的電線連接到同一個接收器上，並且讓所有饋線中的延遲時間都相等。因此接收器從全部偶極接收到的訊號都同相。也就是，把來自所有偶極的波都同相位的加在一起。結果會是什麼呢？假如無線電波源是正好在天線列的上方，離天線無限遠或接近無限遠的地方，然後它的無線電波會以同一相位激發所有的天線，因此這些天線全部一起饋給接收器。

現在假設這個無線電波源離垂直線稍微成一個角度 θ。那麼各個天線接收到的訊號的相位就稍微不同了。如果這個角度太大，此時接收器把所有不同相位的訊號都加在一起，我們就什麼也接收不到。這個角度可能會有多大？**答案**是，如果角度 $\Delta/L = \theta$（見圖 30-3）相當於 $360°$ 的相移，那麼我們收到的訊號等於零，也就是說，假如 Δ 等於波長的話，則收不到訊號。這是因爲所有向量的貢獻合在一起，形成完整的多邊形，其合量等於零。長度爲 L 的天線列能夠鑑別的最小角度就是 $\theta = \lambda/L$。請注意，像這樣的天線，接收到的訊號分

布模式,與我們若把接收器轉變成發射器所造成的強度分布完全相同。這是一個**倒易原理**的例子。

這個原理事實上,可以應用到任何天線的安排、角度上,只要我們能夠事先求得發射器(取代了接收器)在各種不同方向的相對強度,則一個擁有同樣線路、相同天線列的接收器,其相對方向敏感度與它如果是一發射器時的相對發射強度相同。

也有些無線電天線的製作方式不相同。與其把一大堆偶極跟許多饋線排成一長列,我們可以將它們排列成曲線而非直線,並且把接收器放在可以偵測到散射波的地方。這個曲線排列是經過精心設計的,因此如果無線電波從上面過來,而且因電線散射,產生一個新的波,由於電線如此排列,使得所有散射波可以同時到達接收器(如同拋物面鏡一樣,見圖 26-12)。換句話說,這個曲線是一個**拋物線**,當無線電波源剛好在軸上時,我們在焦點上得到非常強大的強度。

在這個情況,我們非常清楚這樣的儀器的鑑別率為何。將天線安排於拋物曲線上並不是重點,它只是比較方便的方法,讓我們可以在同一個點得到所有的訊號,而沒有相對的延遲,並且也不需要用許多饋線。這種儀器可以鑑別的角度仍然是 $\theta = \lambda/L$,此處的 L 是第一個天線與最後一個天線之間的距離。這個角度與天線之間的間距無關,這些天線甚至可以靠在一起,或者乾脆就是一整片金屬。當然,若是如此,則我們討論的是望遠鏡的鏡面。因此我們找到了望遠鏡的鑑別率!(有時這個鑑別率寫成 $\theta = 1.22\lambda/L$,此處 L 是望遠鏡的直徑。它為什麼沒有恰好等於 λ/L 的理由是:當我們求出 $\theta = \lambda/L$ 時,是在假設排成一直列的偶極線都具相等強度的情況之下,但是當我們用圓形的望遠鏡時,這是一般常用的望遠鏡裝置方式,從外緣來的訊號較低,因為它不像一個正方形,我們從各邊得

到一樣的強度。因為我們只是用了望遠鏡的一部分，所以得到的訊
號比較少；因此我們可以理解何以有效直徑比真正的直徑短，這就
是要乘上 1.22 這個因子的原因。然而無論如何，把這種精密度應
用在鑑別率公式中，還是有點賣弄學問。★)

30-5 彩色薄膜；晶體

以上所討論的是把各種波加在一起所產生的干涉效應。但是還
有其他許多例子，雖然我們尚不完全瞭解它們的基本機制（總有一
天我們會理解的），但是現在我們仍可瞭解干涉是怎樣發生的。舉
例來說，當光碰到一個折射率為 n 的物體之表面時，比如說是正向
入射，一部分的光將會反射出去。這個反射的**理由**，目前我們暫時
還無法瞭解，以後將會討論。

但是假設我們知道光在進入和離開折射介質時，都有一部分的
光反射回來。那麼，如果我們注視從薄膜反射的光，我們看到的是
兩個波的和；假若薄膜的厚度夠小，這兩個波會產生干涉，有的是
建設性干涉，也有的是破壞性干涉，完全要看相位的正負號而定。
舉例來說，它可能對紅光是增強反射，但對波長不同的藍光而言，
卻有可能會得到破壞性干涉的反射，所以我們會看到明亮的紅色反

★原注：因為瑞立判據剛開始僅是一個粗略的概念而已。它只
能指出，從哪裡開始我們很難分辨出影像是來自一個恆星或
是兩個恆星。事實上如果可以小心的測量出整個繞射斑的確
實強度分布情形，那就可以證明繞射斑來自兩個光源這件
事，即使 θ 小於 λ/L。

射。如果我們改變薄膜的厚度，例如若我們注視薄膜另外較厚的部位，這個現象可能會反過來，就是會對紅光產生破壞性干涉，而不是藍色，這時就會顯出明亮的藍色、或綠色、或黃色，或是其他的色彩。所以當我們注視薄膜時，我們可以看到各種**色彩**，而假如我們從不同的角度注視，色彩就會改變，原因是我們能夠理解，角度不同，相位就不同。所以我們突然能夠領會其他成千上萬種的情況，好比從不同角度觀看油膜、肥皂泡等，會看到許多色彩。但是原理全都一樣：我們只是把在不同相位的波加在一起而已。

下面我們要介紹繞射的另一項重要的應用。我們利用光柵就可以看見屏幕上的繞射影像。如果我們用的是單色光，它可能落在屏幕上特定的地方，但也會看到許多更高階的影像。假如我們也知道光的波長的話，從影像的位置，就可以知道光柵上刻痕之間的距離。從各種影像的不同強度，我們可以找出光柵刻痕的形狀，是不是一條條線形的刻痕，或是鋸齒形的刻痕，或者是其他形狀，**即使我們看不到這些刻痕。**

這個原理可以用來發現**晶體中原子**的位置。唯一的困難是，晶體是三維立體結構，是由重複的三維原子排列所組成的。我們不能使用一般的光，因為我們必須用比原子間的距離更小的波長，否則就得不到結果；因此我們必須利用波長非常短的輻射，例如 x 光。所以，把 x 光照射到一個晶體，並且注意各階的反射強度，如此我們可以測出晶體內原子的排列，即使我們的眼睛看不見這些原子！利用這個方法，我們可以知道各種物質中的原子排列，這也就是為什麼在第 1 章中，我們能夠畫出食鹽中的原子排列等等。對這個非常有意思的概念，我們暫時就此打住，以後再回頭詳細討論這個問題。

30-6 光經過不透明屏幕所產生的繞射

現在我們來討論一個非常有趣的情況。假設我們有一片不透明的薄板，上頭有個小孔，而且在薄板的一側有一個光源。我們想知道在另外一側，光的強度是多少。大多數的人會認為，光從小孔中照過去，而在另外一邊產生效應。如果他假設在整個小孔口上有均勻分布的光源，同時這些光源的相位相同，就像是不透明物質根本不存在，則他所得到的答案會相當接近真正的答案。當然，實際上，這個小孔上並**沒有**光源存在，而且事實上，這也是唯一**必然**沒有光源存在的地方。雖然如此，我們仍然可以把這個小孔假想成是唯一**有**光源的地方，還是可以得到正確的繞射模型。這是一個很奇怪的事。後面我們會解釋為什麼這種狀況可以成立，但此刻我們就假定它是那樣。

繞射理論中還有另外一種繞射，我們簡單的討論一下。通常在初級課程中較少討論這個題目，是因為關於小向量相加的數學公式比較複雜。除此之外，它都和我們到目前為止所討論的東西沒有什麼差別。所有的干涉現象都相同，沒有涉及什麼非常高深的東西，這裡只是情況比較複雜，而且把向量加在一起也比較困難，如此而已。

假設來自無限遠的光，投射到一個物體上，造成陰影。圖 30-7 顯示一個來自很遠（與一個波長相較）的光源照在物體 AB 上，而在屏幕上產生陰影。我們定然會認為陰影以外的地方，強度必然很大且明亮，而在陰影內則全然黑暗。事實上，如果我們把強度當作是靠近影子邊緣的位置的函數，然後作圖，就可以看到靠近這個影子邊緣的地方，強度有非常奇特的變化，強度先是增強，接著強到

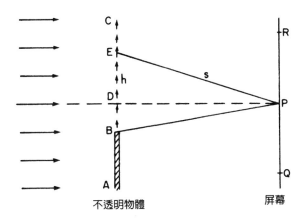

圖 30-7 遠距離光源照射不透明物體，在屏幕上形成一個陰影。

過頭，然後搖擺不定，又會振盪，就像圖 30-9 的情形一樣。我們現在來看看這是什麼原因。假如我們應用前述尚未證明過的定理，那麼便可以用一組均勻分布在物體以外空間中的有效光源，來取代實際上的問題。

假想有大量多間距很小的天線，我們想知道在某一點 P 的強度。這個看起來有點類似我們例子中的情況。實際上並不完全相同，因為我們的屏幕並不是在無限遠處。而且我們只是希望找出一個定點上的強度，而不是無限遠處的強度。要計算在某特定地方的強度，我們必須把來自所有天線的強度加在一起。首先在 D 點（見圖 30-7）有一個天線，恰好在 P 點的對面；如果我們向上移動一點，比如說移動 h 的高度，那麼就會讓延遲增加一些（振幅也會改變，因為距離改變的關係，但是影響很小，因為我們距離得很遠，而且這與相位差比較起來，顯得不重要）。現在路徑差 $EP - DP$ 約為 $h^2/2s$，因此，路徑差與離開 D 的距離**平方**成正比，而在我們前面的例子中 s 等於無限大，而且相位差與 h 成**正比**。當相位差成正比時，每

一個向量與下一個向量的角度是固定值。

　　現在我們需要一個曲線，它是由許多無限小的向量加在一起而構成的，且要求它們所形成的角度隨著曲線長度的**平方**增加，而非線性增加。建構這個曲線涉及較高深的數學，但是我們總可以利用測量出來的角度與實際畫出箭頭的方法來構圖。無論用什麼方法，我們都要畫出這個精巧的曲線〔稱為**柯努螺線**（Cornu's spiral）〕，如圖30-8 中所畫的一樣。我們要怎樣應用這個曲線呢？

　　假如我們想要求得，比如說，在 P 點的強度，我們從 D 點向上推到無限遠，又從 D 點向下到 B_P 點，把這中間所有不同相位的貢獻加在一起。所以我們從圖30-8 中的 B_P 開始，畫一連串角度不斷增加的箭頭。因此，在 B_P 點以上的總貢獻都隨著螺線而定。如果我們在某處停止積分，那麼總振幅將是從 B 到那一點的向量；在

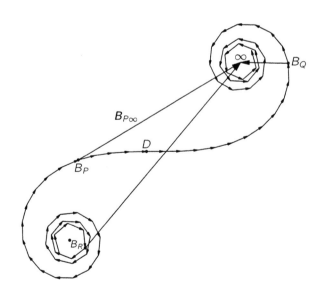

圖 30-8　許多同相振盪器的振幅相加情形；這些振盪器的延遲，隨前圖中與 D 距離的平方而改變。

進行到無限遠的這個特別問題上，總結果是向量 $\mathbf{B}_{P\infty}$。現在這個曲線上對應於物體上 B_P 點的位置，全隨 P 點的位置而定，因爲 D 點（拐折點）永遠對應於 P 點的位置。因此，那麼這一組起點將落在圖 30-8 曲線左下方的不同位置上，視 P 在 B 上方的所在位置而定，且合成向量 $\mathbf{B}_{P\infty}$ 會有許多最大值與最小值（見圖 30-9）。

另一方面，假如我們在 P 的另一側的 Q 點，那麼我們只利用到螺線的一端而已，而不用另外一端。換言之，我們甚至不是從 D 開始，而是從 B_Q 開始，所以在這一側我們得到的一個強度，它會在 Q 進入陰影更深時，跟著繼續下降。

有一點，我們立刻計算出來在恰好相反邊緣處的強度，因此可以說我們是眞正的弄懂了。此處的強度是入射光的 1/4 。理由是，恰好在邊緣上時（在圖 30-8 中箭頭的端點 B 是在 D 上），如果我們進入亮區很深的話，我們已經擁有曲線的一半。假使我們是在亮區深處的 R 點，我們可以從曲線的一端到達另外一端，也就是獲得一整個單位的向量；但是如果我們在陰影的邊緣上，就只能得到半個振幅，即 1/4 的強度。

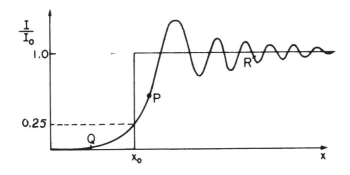

圖 30-9　靠近陰影邊緣的強度分布。幾何陰影邊緣位於 x_0。

　　在這一章，我們找到了由各種光源分布，而在各個方向所產生的強度。最後一個例子是，我們要導出一個公式，以備應用到下一章的折射率理論上。到這裡為止，我們所得到的相對強度，已經夠我們所用，但是接下來我們將在下列情況中，找出電場的完整公式。

30-7　一整面振盪電荷所產生的場

　　如果我們有一個布滿了電場源（電荷）的平面，這些電場源全都一起在這個平面上振動，具有同樣的振幅，而且在同一個相位。那麼，在一個離平面相當遠，但非無窮遠的地方的場應該是什麼樣子？（當然，我們不能非常靠近，因為我們沒有公式可以適用於這種離場源近的電場。）

　　假使電荷的平面是 xy 面，而我們想找出 z 軸上很遠處的 P 點的電場（見圖 30-10）。假設在平面上每單位面積有 η 個電荷，而且

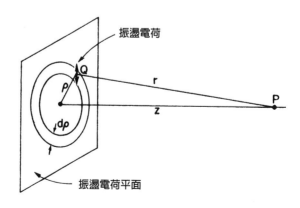

圖 30-10　平面上振盪電荷所產生的輻射場

每一個電荷的帶電量是 q。所有電荷都在進行簡諧運動,方向、振幅以及相位全都一樣。我們讓每一個電荷**相對於自身平均位置**的運動為 $x_0 \cos \omega t$。或者利用複數記號寫成 $x_0 e^{i\omega t}$,切記,只有實部代表真正的運動。

這樣,我們可以得到 P 點上由所有電荷造成的電場,這是由每一個電荷 q 的電場加在一起所組成的。我們知道輻射場與電荷加速度成正比,此加速度就是 $-\omega^2 x_0 e^{i\omega t}$(每一個電荷都一樣)。我們要尋求,位於 Q 點的電荷在 P 點所產生的電場,是與電荷 q 的加速度成正比,但是不要忘了,某一瞬間 t,P 點上的電場是由電荷在較早時間 $t' = t - r/c$ 的加速度所產生的(此處 r/c 是波走過從 Q 到 P 的距離 r 所需要的時間)。因此 P 的電場與下式成正比:

$$-\omega^2 x_0 e^{i\omega(t-r/c)} \tag{30.10}$$

用這個值當作加速度,代入由一個輻射電荷在遠方所產生的電場公式,我們得到

$$\begin{pmatrix} \text{位於 } Q \text{ 點的電荷} \\ \text{在 } P \text{ 點所產生的電場} \end{pmatrix} = \frac{q}{4\pi\epsilon_0 c^2} \frac{\omega^2 x_0 e^{i\omega(t-r/c)}}{r} \text{(近似值)} \tag{30.11}$$

但是這個公式並不完全正確,因為我們**不應該**用電荷的加速度,而要用垂直於線 QP 的加速度**分量**。然而我們假設 P 點和原點的距離,與 Q 到軸的距離(圖 30-10 中的距離 ρ)相比,要大很多,所以就我們所需考慮的電荷而言,加速度垂直分量的餘弦因子可以省去(反正這個餘弦近似於 1)。

想求得在 P 點的總電場,我們必須要將平面上所有電荷的影響全部加起來,當然是要求**向量**的和。但是因為電場的方向對所有電荷來說幾乎都一樣,而且我們上面只用了近似的方程式,所以只要

把電場的大小加起來就可以了。在我們採用的近似之下，P 的電場只和距離 r 有關，因此所有在同樣距離 r 的電荷，都會產生相等的電場。所以我們首先把那些位在半徑 ρ 處、寬度為 $d\rho$ 的圓環中的電荷的電場加在一起。然後對所有的 ρ 做積分，這樣我們就可以得到總電場。

圓環上的電荷數目等於這個環表面積（$2\pi\rho\ d\rho$）乘以每單位面積的電荷數 η。我們得到

$$P \text{ 的總電場} = \int \frac{q}{4\pi\epsilon_0 c^2} \frac{\omega^2 x_0 e^{i\omega(t-r/c)}}{r} \cdot \eta \cdot 2\pi\rho\ d\rho \quad (30.12)$$

我們希望計算 $\rho = 0$ 到 $\rho = \infty$ 的積分。當然，變數 t 在積分時是固定不變的，如此就只剩下 ρ 與 r 是變數了。目前我們暫時不考慮所有的常數因子，**包括 $e^{i\omega t}$ 因子在內**，我們想求的積分變成了

$$\int_{\rho=0}^{\rho=\infty} \frac{e^{-i\omega r/c}}{r} \rho\ d\rho \quad (30.13)$$

為了得到積分，我們需要利用 r 與 ρ 之間的關係：

$$r^2 = \rho^2 + z^2 \quad (30.14)$$

因為 z 與 ρ 無關，我們把這個方程式微分，得到

$$2r\ dr = 2\rho\ d\rho$$

我們很幸運有這個結果，因為在積分中，我們可以用 $r\ dr$ 來取代 $\rho\ d\rho$，同時 r 可以把分母中的 r 抵消掉。那麼我們的積分就變成一個更簡單的積分

$$\int_{r=z}^{r=\infty} e^{-i\omega r/c}\,dr \tag{30.15}$$

指數項很容易積分。只要我們除以指數中 r 的係數 $(-i\omega/c)$，並且計算在積分上下限時的指數值。但是 r 的極限與 ρ 的極限不同。當 $\rho = 0$ 時，$r = z$，所以 r 的上下限是由 z 到無限大。我們得到積分

$$-\frac{c}{i\omega}\left[e^{-i\infty} - e^{-(i\omega/c)z}\right] \tag{30.16}$$

此處我們可以用 ∞ 取代 $(\omega/c)\infty$，因為它們都表示非常大的數目！

可是 $e^{-i\infty}$ 是一個神祕的量。例如，它的實部是 $\cos(-\infty)$，在數學上來說是完全不確定的〔雖然我們可以預測它是在 +1 與 –1 之間某處，或是在 +1 與 –1 之間的每一處（？）！〕。然而在**具體實際**的情況中，它卻代表某種非常合理的意義，我們通常把它當作零。在我們的情形就是如此，為了看出這一點，讓我們回頭想一想原來的積分 (30.15) 式。

我們可以理解 (30.15) 式是許多小複數的總和，每一個複數的大小是 Δr、在複數平面中的角度 $\theta = -\omega r/c$。我們可以用圖解法來計算這個和。圖 30-11 中，我們畫出前五個線段。曲線上每一線段的長度是 Δr，並且與前一線段的夾角是 $\Delta\theta = -\omega\Delta r/c$。這五個線段的和，可從起點到第五個線段的終端畫出一個箭頭來代表。當我們繼續不斷的把線段加入時，就描繪出一個多邊形，直到我們又回到起點附近，然後再開始另外一圈。當加進更多線段時，就這樣一圈一圈的轉，都繞著一個圓周，這圓周的半徑很容易看出來是 c/ω。我們現在可以知道，為什麼積分不能夠提供一個明確的答案了！

我們再回到這個情況的**物理**意義。任何真實情況下，電荷平面的範圍**不可能**是無限延伸的，而必須在某個地方停下來。如果它突

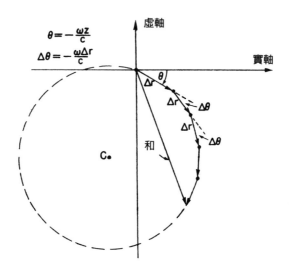

圖 30-11　$\int_z^\infty e^{-i\omega r/c}dr$　的圖形解

然停止，而且剛好構成一個圓形，我們的積分就會得到圖 30-11 圓周上的某個值。然而，假如我們讓平面上的電荷數目離中心愈遠而愈少（或是平面突然停止，但是變成不規則的形狀，因此對較大的 ρ 值來說，寬度 $d\rho$ 的環不再整個都可以產生電場），那麼係數 η 在精確的積分中會降到零（而不是常數）。既然我們繼續加入更小的線段，但照樣以同樣的角度轉動，我們的積分圖就變成了螺線。這個螺旋線最後會停止於我們原來的圓的中心，就像圖 30-12 所畫的那樣。這個就**實際狀況**而言正確的積分等於圖中的複數 A，從起點到圓心，恰好等於

$$\frac{c}{i\omega} e^{-i\omega z/c} \tag{30.17}$$

大家可以嘗試自己計算。如果我們讓 $e^{-i\infty} = 0$，這就和我們從 (30.16) 式得到的結果相同。

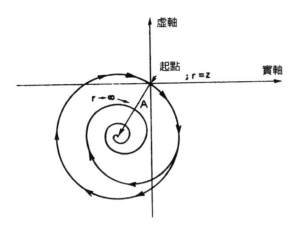

<u>圖 30-12</u> $\int_z^\infty \eta e^{-i\omega r/c} dr$ 的圖形解

（為什麼當 r 的值很大時，積分的貢獻值會逐漸減小，還有另外一個原因，那就是我們所忽略的加速度在 PQ 垂直面上的投影餘弦因子也有影響。）

當然我們只對實際的情況感興趣，因此我們要設定 $e^{-i\infty} = 0$。現在再回到原來的電場公式(30.12)式，並將所有與積分有關的因子全放回去，我們可以得到結果

$$P \text{ 的總電場} = -\frac{\eta q}{2\epsilon_0 c} i\omega x_0 e^{i\omega(t-z/c)} \tag{30.18}$$

（切記 $1/i = -i$）。

有趣的是，我們注意到 $(i\omega x_0 e^{i\omega t})$ 恰好等於電荷的**速度**，因此我們也可以把電場方程式寫成

$$P \text{ 的總電場} = -\frac{\eta q}{2\epsilon_0 c} [\text{電荷速度}]_{在 t-z/c} \tag{30.19}$$

這看起來有一點怪，因為延遲只是由距離 z 所導致的，而 z 是從 P

到電荷平面的最短距離。然而結果就是如此,不過還好這是一個很簡單的公式。(此外,我們也可以注明說,雖然我們的推演只在離振盪電荷很遠的情況下才有效,但其實(30.18)式或(30.19)式在任何距離 z 都適用,甚至是 $z < \lambda$ 。)

第31章
折射率的來源

31-1 折射率

我們以前講過,光在水中比在空氣中走得慢,而在空氣中又走得較在眞空中慢。這個效應可以用折射率 n 來描述。現在我們想知道,這種較慢的速度是怎樣造成的。特別是我們要找出它跟我們曾經提出的物理假設或是陳述之間有什麼關係,這些假設或敘述如下:

(a) 在任何物理狀況下,總電場恆等於宇宙中所有電荷所產生的電場之總和。

(b) 單一電荷所產生的電場**必然**由加速度而來,而在計算加速度之時,必須考慮速度 c 所造成的延遲時間(對**輻射場**而言)。

但是就一塊玻璃而言,你可能會認爲:「哦,不對,你應該要有所修正。你應該說造成延遲效應的速度是 c/n。」然而,這種想法並不正確,我們必須瞭解這種想法爲什麼不對。

光或任何電波**確實看起來**是以速度 c/n 穿過折射率爲 n 的物質,這種講法大致上**是**對的,但電場還是由**所有**電荷的運動所產生的,包括在物質中移動的電荷,並且這些電場的基本貢獻是以極限速度 c 行進。我們的問題是要理解這個**明顯**較慢的速度是從哪裡來的。

我們將從一個簡單的例子開始,以便瞭解這個效應。把一個我們稱爲「**外源**」的源,放在離一片透明物質的薄板(例如玻璃)很

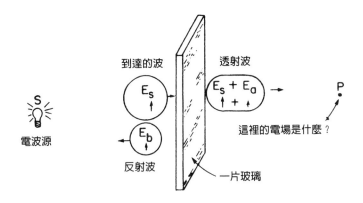

圖 31-1 電波穿過一層透明物質

遠的位置。我們想求的是在薄板另一側一大段距離之外的電場。整個狀況可以用圖 31-1 來解釋。我們想像圖中的 S 與 P 離薄板非常遠。根據我們曾說過的定律，離所有移動電荷很遠的任何地方，那裡的電場是由（在 S 的）外源所產生的電場，**加上玻璃板中每一個**電荷所產生的電場之（向量）總和，**每一項電場皆必須考慮在速度** c **之下的推遲效應，也就是我們要將電磁波傳遞速度 c 考慮進來。**要記住，每一個電荷的貢獻，不會因為其他電荷的存在而有所改變。這就是我們的基本定律。因此 P 點的電場可以寫成

$$\mathbf{E} = \sum_{\text{所有電荷}} \mathbf{E}_{\text{每一電荷}} \tag{31.1}$$

或

$$\mathbf{E} = \mathbf{E}_s + \sum_{\text{所有其他電荷}} \mathbf{E}_{\text{每一電荷}} \tag{31.2}$$

此處 E_s 是由外源單獨產生的，也就是**假如沒有其他物質**存在時，它恰好就是 P 點的電場。如果周圍還有其他的電荷在運動，那麼我們就預期 P 點的電場就與 E_s 不同。

為什麼在玻璃中會有電荷移動？我們知道所有的物質都是由原子組成，而原子中含有電子。當來自**場源的**電場對這些原子作用，原子中的電子會受驅動而上下運動，原因是電場會對電子施力。而這些運動的電子又會各自產生電場，它們變成了新的輻射器。這些新的輻射器與外源 S 有關，因為它們是由這個源的電場所驅動的。因此總電場並非僅來自外源 S，而是加入了其他運動電荷所產生的電場。也就是說，現在這個電場與沒有放進玻璃之前的電場不一樣，它已改變了，而且我們會發現玻璃中的電場看起來以不同的速度在前進。這就是我們想要以精確的數學來表達的點子。

現在的問題是，真正的例子非常複雜，雖然我們曾經說過，所有其他運動電荷都是由源場所驅動的，但是這個說法也不完全正確。例如我們考慮某一個電荷，它不只感受到源，而且像世界上所有其他的東西一樣，它還能夠感受到其他**所有**正在運動中的電荷，尤其是它能夠感覺到玻璃中正在某處移動的電荷。所以作用於**某特別電荷**上的總電場，是其他電荷所產生的電場之組合，而那些**電荷的運動又是取決於這個特別電荷的行動！**因此你就可以知道，為什麼我們需要一組複雜的方程式，來推導出完整又正確的公式。因為實在是太複雜了，我們還得把這個問題留到下一個學年再討論。

目前我們先找比較簡單的例子來做，以便清楚理解所有的物理定律。我們要選一個情況，讓其他原子造成的效應比源所造成的效應小得多。換句話說，我們會選擇一個物質，讓總電場不會受運動中電荷的影響而改變太多。這種情形相當於物質的折射率接近於 1。這種情況是會出現的，譬如說，如果原子密度很小，折射率就

很接近 1。我們的計算會適用於任何折射率接近 1 的情況。在這種情形下，我們可以避免許多求最一般、最完整解所需複雜的步驟。

此外，我們還應該注意到玻璃薄板中的運動電荷還會造成另外一個效應。這些電荷也會反過來對外源 S 發出波。這個反向的電場，就是我們所看到從透明物質表面反射出來的光。這些光並不只是來自表面，這反向輻射會來自物質內部的各個部分，但是它的總效應等於表面的反射。這些反射效應超出我們目前所討論的近似情況，因為我們的計算只局限在折射率非常接近 1 的物質，在此情況下，反射的光非常少。

波速的改變與折射

在繼續探討折射率是怎樣來的之前，我們應該知道，只要瞭解為何光波在不同物質中的**波速**會有所不同，就可以瞭解折射率。

光線會**偏折**，是**因為**在各種物質中，波的有效速率不同。為了幫助你瞭解原因，我們在次頁的圖 31-2 畫出電波的幾個連續波峰，這個電波是從真空到達一塊玻璃的表面。垂直於波峰（面）的箭頭表示波的行進方向。波的所有振盪都必須具有同樣的**頻率**。（我們已經知道，所有受驅振盪都具有與驅動源同樣的頻率。）這個意思是說，玻璃表面兩側之波峰**沿著表面的間距必須相等**，因為它們需要一起行進，所以位於邊界的電荷只會感覺到一個頻率。

然而，兩個波峰之間的**最短**距離等於波長，也就是波速

除以頻率。在真空的那一邊，波長是 $\lambda_0 = 2\pi c/\omega$，而在另外一邊，波長則是 $\lambda = 2\pi v/\omega$ 或 $2\pi c/\omega n$，假如 $v = c/n$ 是波在玻璃中的速度。從圖上我們能夠看到，唯一能讓波在邊界恰好「合得」起來的方法，是讓波在物質中以不同的角度（相對於表面）行進。從圖形的幾何關係中，我們可以看出來，要「合得起來」，必須有 $\lambda_0/\sin\theta_0 = \lambda/\sin\theta$ 或 $\sin\theta_0/\sin\theta = n$ 這樣的關係，這就是司乃耳定律。

　　我們在接下來的討論中將只考慮，為什麼光在折射率為 n 的物質中，有效速率會是 c/n，而不再考慮關於光的偏折問題。

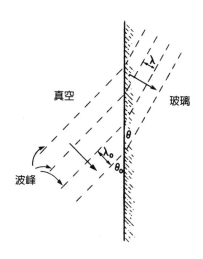

圖 31-2　折射與速度變化的關係

回到圖 31-1 的情況。我們必須要做的是計算出玻璃板中所有振盪電荷在 P 所產生的電場。我們稱這個部分的電場爲 E_a，就是在(31.2)式中第二項的那個總和。當我們把它加到 E_s 項（由外源產生的電場），就得到了在 P 的總電場。

這可能是今年我們所要做最複雜的事，因爲我們得把很多零散的部分組合起來；不過還好每一部分卻都是非常簡單。不像在其他的推導步驟中我們常需要說：「忽略推導過程，只要看結果！」但是在目前的情況是，我們要重視的是推導過程而不是答案。換句話說，我們現在所要瞭解的是產生折射率的物理機制。

要想知道我們將從何處著手，讓我們首先找出「校正電場」 E_a得要是多大才能讓在 P 的總電場，看起來像是從外源來的輻射，穿過薄板速度逐漸緩慢下來的結果。假如這個薄板對 E_s 沒有影響，那麼向右方（沿著 z 軸）行進的電場波是

$$E_s = E_0 \cos \omega(t - z/c) \tag{31.3}$$

或是，應用指數記號法來表示，

$$E_s = E_0 e^{i\omega(t-z/c)} \tag{31.4}$$

現在，如果這個波穿過薄板時行進得比較慢，那麼會發生什麼情況呢？假設薄板的厚度是 Δz。假如沒有薄板存在，波會在時間 $\Delta z/c$ 內行進 Δz 的距離。但是假如波改成以速率 c/n 進行，那麼就需要較長的時間 $n \Delta z/c$，也就是**增加**了 $\Delta t = (n-1) \Delta z/c$ 的時間。通過薄板以後，它又以速度 c 繼續進行。我們只要把(31.4)式中的 t 以$(t - \Delta t)$ 或是 $[t - (n-1) \Delta z/c]$ 來取代，就能夠將經過薄板所需要的額外時間考慮在內。因此加進薄玻璃片以後，波的公式可以寫成

$$E_{薄板以後} = E_0 e^{i\omega[t-(n-1)\Delta z/c - z/c]} \tag{31.5}$$

我們也可以把這個方程式寫成

$$E_{薄板以後} = e^{-i\omega(n-1)\Delta z/c} E_0 e^{i\omega(t-z/c)} \tag{31.6}$$

這是說，通過薄板之後的波，跟沒有薄板之時的波幾乎一樣，只是電場 E_s 要再乘以因子 $e^{-i\omega(n-1)\Delta z/c}$。我們知道把 $e^{i\omega t}$ 這種振盪函數乘以一個 $e^{i\theta}$ 因子，就等於把振盪相位改變了一個角度 θ，當然，這就是由於穿過厚度 Δz 的玻璃片而多出來的額外延遲所造成的結果。它把相位推遲了 $\omega(n-1)\Delta z/c$（指數中的負號表示推遲）。

我們先前說過，這個玻璃薄板會把一個電場 E_a 加到原來的電

從複數平面來看電場

假如我們注意一下圖 31-3 的這個複數圖，會比較容易想像我們前面完成的結果。

我們最先畫的數是 E_s（我們選擇 z 與 t 的值，使 E_s 沿水平方向，但這並不是必需的。）由於薄板中的光速減慢而造成的延遲，會使這個數的相位延遲，也就是使 E_s 旋轉了一個負角。但是這等於把一個小向量 E_a 從大約直角的角度加在 E_s 上。那就是在 (31.8) 式第二項中 i 的意義，也就是說，假如 E_s 是實數，那麼 E_a 就等於負虛數，或在一般情況下，E_s 與 E_a 成直角。

場 $E_s = E_0 e^{i\omega(t-z/c)}$，但是我們又發現薄板的效應是把原來的電場**乘**以一個改變相位的因子。實際上並沒有錯，因爲我們加上一個適當的複數後，就可以得到一樣的結果。尤其是在 Δz 值非常小的例子中，很容易找出必須加進去的正確數字，因爲我們記得，假如 x 很小，那麼 e^x 就接近於 $(1 + x)$。所以，我們可以這麼寫

$$e^{-i\omega(n-1)\Delta z/c} = 1 - i\omega(n-1)\Delta z/c \tag{31.7}$$

把這個等式帶進 (31.6) 式，我們得到

$$E_{薄板之後} = \underbrace{E_0 e^{i\omega(t-z/c)}}_{E_s} - \underbrace{\frac{i\omega(n-1)\Delta z}{c} E_0 e^{i\omega(t-z/c)}}_{E_a} \tag{31.8}$$

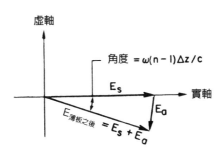

圖 31-3　在特定 t 與 z 之下的透射波示意圖

第一項是來自外源的電場；而第二項必定剛好等於 E_a，是由於玻璃板中的電荷振盪而在薄板右邊所造成的電場，此處用折射率 n 來表示，當然它也取決於來自外源的波的強度。

31-2 物質產生的場

現在我們必須要問：來自 (31.8) 式第二項的電場 E_a，就是我們所期望來自玻璃板中振盪電荷那種電場嗎？如果我們能夠證明它是，那麼我們就可以算出折射率 n 應該是什麼了！（因為 (31.8) 式中的 n 是唯一的非基本數。）

現在我們要計算物質中的電荷所產生的電場 E_a（為了幫助大家能夠跟上目前為止我們用過的許多符號，而且在接下去的計算中也會用到，我們把這些符號聚集在一起，列在表 31-1 中。）

表 31-1　計算中所使用的符號

E_s = 源所產生的電場

E_a = 薄板中電荷所產生的電場

Δz = 薄板的厚度

z = 到薄板垂直的距離

n = 折射率

ω = 輻射（角）頻率

N = 薄板中每單位體積的電荷數目

η = 薄板中每單位面積的電荷數目

q_e = 一個電子上的電荷

m = 一個電子的質量

ω_0 = 原子中一個束縛電子的共振頻率

假設（圖 31-1 的）外源 S 是在極左邊，那麼電場 E_s 在薄板上各處的相位都相同，所以我們可以把薄板附近的區域寫成

$$E_s = E_0 e^{i\omega(t-z/c)} \tag{31.9}$$

恰好在薄板上時，此式中的 $z = 0$，我們將得到

$$E_s = E_0 e^{i\omega t} \text{（在薄板上）} \tag{31.10}$$

這個薄板的原子中的每一個電子都會感受到這個電場，而且會受到電力 qE 驅動而上下移動（我們假定 E_0 的方向是垂直的）。為了找出我們所預期的電子的運動，我們把這些原子當作小振盪器，也就是說電子有彈性的被原子拉住，這意思是，如果施加一個力到電子上，它離正常位置的位移與力成正比。

如果你聽說過「電子繞著軌道旋轉」這樣的說法，或許你會認為這是一個可笑的原子模型。但這只是極端簡化的圖像而已。正確的原子圖像是由波動力學的理論提供的，這個原子圖像說，**只要是牽涉到光的問題**，電子的行為像是它們給彈簧拴住一樣。因而我們假設電子具有線性回復力（linear restoring force），加上質量 m，使得電子的行為像是一個小振盪器，其共振頻率是 ω_0。我們已經研究過這類振盪器，並且知道它們的運動方程式可寫成

$$m\left(\frac{d^2x}{dt^2} + \omega_0^2 x\right) = F \tag{31.11}$$

此處的 F 是驅動力。

對我們的問題來說，驅動力來自外源的波所產生的電場，所以

我們應該用下列這個式子：

$$F = q_e E_s = q_e E_0 e^{i\omega t} \qquad (31.12)$$

這裡的 q_e 是電子的電荷，對於 E_s，我們用 (31.10) 式中的 $E_s = E_0 e^{i\omega t}$ 來表示。所以，我們的電子運動方程式應該寫成

$$m\left(\frac{d^2 x}{dt^2} + \omega_0^2 x\right) = q_e E_0 e^{i\omega t} \qquad (31.13)$$

前面我們曾經解過這個方程式，知道它的解是

$$x = x_0 e^{i\omega t} \qquad (31.14)$$

把上式代進 (31.13) 式，我們發現

$$x_0 = \frac{q_e E_0}{m(\omega_0^2 - \omega^2)} \qquad (31.15)$$

因此

$$x = \frac{q_e E_0}{m(\omega_0^2 - \omega^2)} e^{i\omega t} \qquad (31.16)$$

現在，我們已經得到所需要知道的，即在玻璃薄板中電子的運動。這樣的運動情形對每個電子來說都相同，除了每一個電子的平均位置（運動的「零點」）當然都不相同之外。

　　現在我們可以找出這些原子在 P 點所產生的電場 E_a，因為我們早先（第 30 章的結尾）已經找出在薄板上所有電荷全部一起運

動時所產生的電場。回頭去參考(30.19)式，我們可以發現，P 點的電場 E_a 等於一個負常數乘以時間推遲了 z/c 的電荷速度。把(31.16)式對 x 微分可以得到速度，並加上推遲時間（或者乾脆把(31.15)式中的 x_0 代進(30.18)式中），就可以得到

$$E_a = -\frac{\eta q_e}{2\epsilon_0 c}\left[i\omega \frac{q_e E_0}{m(\omega_0^2 - \omega^2)} e^{i\omega(t-z/c)}\right] \qquad (31.17)$$

正如我們所預測的，驅動電子運動可以產生額外的波，這波向右方行進（這就是 $e^{i\omega(t-z/c)}$ 因子所指），這個波的振幅與薄板中每單位面積的原子數目（此即因子 η）成正比，同時也與源的電場強度（就是因子 E_0）成正比。同時有些因子（q_e、m、ω_0）是隨著原子的性質而改變的，就像我們所預期的。

　　然而，最重要的是，E_a 的公式(31.17)看起來非常類似(31.8)式中的 E_a，(31.8)式是說原始波在經過折射率爲 n 的物質時受到延遲。這兩個式子實際上是相同的，假如

$$(n - 1)\Delta z = \frac{\eta q_e^2}{2\epsilon_0 m(\omega_0^2 - \omega^2)} \qquad (31.18)$$

請注意，這兩邊都與 Δz 成正比，因爲 η 是**每單位面積**的原子數目，等於 $N\Delta z$，而此處的 N 是薄板上**每單位體積**的原子數目。用 $N\Delta z$ 取代 η，並且消去 Δz，我們就得到了主要結果，一個由物質原子的性質以及光頻率而求得的折射率公式

$$n = 1 + \frac{Nq_e^2}{2\epsilon_0 m(\omega_0^2 - \omega^2)} \qquad (31.19)$$

這個方程式提供了我們希望得到的折射率「解釋」。

31-3 色 散

我們注意到，在前面的討論過程中，我們得到一些相當有趣的結果。因爲我們不僅可以從原子的基本量計算出折射率的大小，並且我們也瞭解到折射率如何隨著光的頻率 ω 而改變。這不是只從「光在透明物體中行進的速度比較慢」這種簡單陳述，就可以瞭解的。

當然除此之外，我們還有其他的問題，就是怎樣才能知道單位體積的原子數目，以及它們的固有頻率 ω_0。我們目前對這些尚不瞭解，因爲對每一種物質來說，它們的值都不相同，而且我們也沒有通用的理論。想得到不同物質的性質的通用理論，例如它們的固有頻率等等，只有使用量子原子力學才行。再者，不同的物質具有不同的性質與折射率，所以我們不能期望得到一個可以適用到所有物質上的通用折射率公式。

然而，我們應該從各種可能的情況下，來討論已經推導出來的公式。首先要討論的是最普通的氣體（例如，空氣，以及一些無色的氣體，像氫、氦等等），其電子振盪的固有頻率相當於紫外光。這些頻率比可見光的頻率要高，也就是 ω_0 比可見光的頻率 ω 要大許多，做初步近似時，在與 ω_0^2 相較之下，我們可以忽略較 ω^2。因此我們發現，折射率幾乎是個定值。因此對於一個氣體而言，它的折射率接近於定值。對大部分的透明物質來說，比如玻璃，也具有這樣的性質。然而，假如我們仔細看一下這些方程式，可以發現，當 ω 增加時，分母會變小，因而使得折射率跟著增加。所以 n 會隨頻率逐漸增加，於是藍光的折射率高於紅光。這就是爲什麼三稜鏡能使藍光偏折的角度比紅光大的緣故。

折射率隨著頻率大小而改變的現象，稱爲**色散**現象（phenomenon of dispersion），因爲這是光被稜鏡「分散」成光譜的基礎。將折射率表示成頻率的函數的方程式則稱爲**色散方程式**，所以我們得到了一個色散方程式。（過去幾年中，人們又發現色散方程式也可以應用於基本粒子的理論）。

這個色散方程式還提供了其他幾個重要的效應。如果我們有一個固有頻率 ω_0 位於可見光區內，或是假如我們測量類似玻璃的物質在紫外光區內的折射率，這時 ω 非常接近於 ω_0，我們可以看出，當頻率非常接近固有頻率時，折射率變得非常大，因爲分母接近於零。下一個情況是，假設 ω 大於 ω_0。這效應會發生在，例如，我們把 x 射線照到類似玻璃的物質上時。事實上，因爲許多物質雖然對可見光來說是不透明的，例如石墨，但對 x 射線來說卻是透明的，所以我們也可以討論碳對 x 射線的折射率。所有碳原子的固有頻率都比 x 射線的頻率低很多，這是因爲 x 射線的頻率非常高。假如我們設 $\omega_0 = 0$（與 ω^2 相比，我們可以忽略 ω_0^2），那麼利用色散方程式，可以計算出折射率。

假如我們用無線電波（或是光）照射由自由電子所構成的氣體，同樣的情況也會發生。大氣上層的電子被來自太陽的紫外光從原子中釋放出來，它們以自由電子的形式停留在那裡。對自由電子而言，$\omega_0 = 0$（彈性回復力不存在）。把 $\omega_0 = 0$ 代進色散方程式中，就得到平流層中無線電波折射率的正確公式，此時 N 代表在平流層中自由電子的密度（單位體積的電子數目）。但是我們再看一下這個方程式，假如我們把 x 射線照到一個物質上，或是把無線電波（或任何其他電波）照到自由電子上，$(\omega_0^2 - \omega^2)$ 這一項變成負值，我們得到的結果是 n **小於** 1。這意思是說，在物質中波的有效速率比光速 c **還要快**！這會是對的嗎？

這是對的。雖然一般認爲訊號的傳遞速度不可能比光速還快，

但在特定頻率下，物質的折射率可以大於 1、或小於 1，仍然成立。這僅說明由於光線散射所產生的**相移**可以是正，也可以是負。然而，物理學家可以證明你把**訊號**送出去的速率，不是由一個頻率下的折射率來決定的，而是依**許多**頻率下的折射率來決定。折射率告訴我們的是，波在**波節**（或波峰）行進的速率。**波節**本身不是訊號。在一個完美的波中，沒有任何種類的調制（modulation）存在，也就是說，這是一種穩定的振盪，你沒有辦法說出它在什麼時候「開始」，所以不能把它當作計時訊號。要想送出一個**訊號**，你必須把波稍微做些改變，把它變寬或變窄。意思是說，這個波必須有多於一個以上的頻率，由此可以看出**訊號**的行進速率不僅取決折射率，也取決折射率隨著頻率的變化。這個主題，我們必須延到第 48 章談到「拍」（beat）時再討論。那時我們將計算**訊號**通過玻璃的真正速率，你會發現它的速率實際上並沒有比光速快，儘管波節（就是數學上的點）的速率的確會比光速快。

　　這個現象到底是怎樣發生的，現在給大家一點提示，你會注意到真正的困難是由於電荷的反應方向與電場的方向相反，也就是正負號顛倒。所以在表示 x 的(31.16)式中，電荷位移的方向與驅動電場相反，因為，假如 ω_0 的值很小的話，$(\omega_0^2 - \omega^2)$ 是負值。這個公式的意思是，當電場往某一方向拉的時候，電荷則朝相反方向移動。

　　電荷怎麼會向相反的方向移動呢？當電場剛對電荷發出作用時，它一定不會往反方向前進。在運動剛開始時，有一個過渡階段，不久之後就穩定下來，也只有在**那時**，電荷的振盪相位與驅動電場方向相反。並且就在那時，穿透物質後的電場的**相位**看起來要比源波的相位**超前**。當我們所說「相速度」或波節速度大於光速 c，就是指這個**相位超前**（advance in phase）的情形。圖 31-4 提供了簡單的圖解，來說明在波突然開始（產生一個訊號）時，波看起

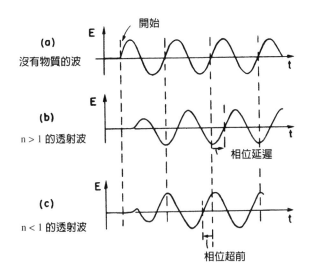

圖 31-4 波的「訊號」

來應該是什麼樣子。從這個圖，你可以看到，**訊號**（也就是波的**開**
始）對那個造成相位超前的波來說並沒有提早。

我們現在再回過頭來看看色散方程式。我們應該說明，由折射
率分析所得到的結果，比你在自然中實際發現的要簡單。為了達到
完全準確的地步，我們必須做一些修正。首先，我們的原子振盪模
型應該加上一些阻尼力（damping force），否則一旦開始振盪就永遠
無法停止下來，但這是不可能的。在之前的(23.8)式中，我們曾經
推導出阻尼振盪器的運動情形，結果就是得把(31.16)式以及(31.19)
式分母中的$(\omega_0^2 - \omega^2)$改成為$(\omega_0^2 - \omega^2 + i\gamma\omega)$，此處$\gamma$是阻尼係數
（damping coefficient）。

我們還需要第二個修正，好把以下事實考慮進去，就是對特定
一種原子來說，它具有好多個共振頻率。我們可以想像原子中有許
多不同種類的振盪器，而且每一個振盪器的作用都是分開的，所以

我們只需要把所有振盪器的貢獻加起來，如此就很容易改正我們的色散方程式。假設每單位體積有 N_k 個電子，它們的固有頻率是 ω_k，阻尼係數是 γ_k。那麼我們的色散方程式是

$$n = 1 + \frac{q_e^2}{2\epsilon_0 m} \sum_k \frac{N_k}{\omega_k^2 - \omega^2 + i\gamma_k\omega} \qquad (31.20)$$

我們最終得到了一個完整的式子，可以描述在許多物質中觀測到的折射率。* 由這個公式所描述的折射率隨著頻率改變，大體上就像圖 31-5 中的曲線。

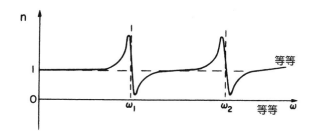

圖 31-5　折射率是頻率的函數

*原注：實際上，雖然(31.20)式在量子力學中也適用，但是它的解釋卻有些不同。在量子力學中，即使是只有一個電子的原子，例如氫，也有幾個共振頻率。所以 N_k 並不真的是頻率為 ω_k 的原子數目，而是以 Nf_k 來取代，此處的 N 是每單位體積的原子數目，而 f_k（稱為振盪器強度）是一個因子，顯示原子在它的每一共振頻率 ω_k 上表現出來的強度。

　　我們將會注意到，只要 ω 不是非常接近某個共振頻率，曲線的斜率會是正值。這個正值的斜率稱為「正常」色散（因為很明顯，這是最常見的例子）。然而，在非常靠近共振頻率時，有一個小範圍的 ω 中，曲線的斜率是負值。負值斜率的情況稱為「異常」（意思是不正常）色散，因為在第一次注意到這個情形時（這是遠在大家知道有電子這回事之前），就覺得它不尋常。但是從我們的觀點來說，兩個斜率看起來都相當「正常」！

31-4 吸 收

　　或許你已經注意到，我們最後得到的這個色散方程式(31.20)有一點奇怪。因為我們放進去一項 $i\gamma$ 以代表阻尼，因此這個折射率現在變成了**複數！這**是什麼意思？在推導出 n 的實部與虛部之後，我們可以把它寫成

$$n = n' - in'' \qquad (31.21)$$

此處 n' 與 n'' 都是實數。（我們把減號放在 in'' 的前面，是因為如此可以使所得到的 n'' 是正值，你自己可以證明看看。）

　　如果想知道這樣的複數折射率有什麼意義，我們可以再回到(31.6)式，它就是波穿過折射率為 n 的物質薄板之後的方程式。假如我們把複數 n 放進這個方程式中，並且經過一些整理，可以得到

$$E_{薄板之後} = \underbrace{e^{-\omega n'' \Delta z/c}}_{A} \underbrace{e^{-i\omega(n'-1)\Delta z/c} E_0 e^{i\omega(t-z/c)}}_{B} \qquad (31.22)$$

(31.22)式中後半部標爲 B 的因子，只是我們以前得到過的形式，再一次用來描述一個波在經過物質時，它的相位被延遲了一個角度 $\omega(n'-1)\,\Delta z/c$。第一項（A）是新產生的，是一個指數爲**實**數的指數因子，因爲有兩個 i 相乘之後，變成實數。此外，這個指數是負的，所以 A 因子是個小於 1 的實數。它說明電場變**小**了，而且 Δz 愈大，電場愈小，如同我們預料的。當波經過物質時，波會減弱，這個物質「吸收」了部分的波。波從另外一邊出來時，能量變少。我們對此應該不會感到奇怪，因爲振盪器的阻尼實際上是摩擦力，我們可以預期到它會造成能量的耗損。我們可以看出來，複數折射率的虛部 n'' 即代表波的吸收（或是「衰減」）。事實上， n'' 有時候就稱爲吸收指數（absorption index）。

　　我們同時也要指出，折射率 n 的虛部相當於把圖 31-3 中的 E_a 箭頭轉向原點。如此就很清楚，爲什麼透射電場會變小。

　　正常情況下，例如在玻璃中，對光的吸收非常小。這可以從我們的(31.20)式中預測到，因爲分母的虛部，$i\gamma_k\omega$ 比 $(\omega_k^2-\omega^2)$ 一項小了許多。但是如果光頻率 ω 非常接近 ω_k，那麼共振項 $(\omega_k^2-\omega^2)$ 可以變得比 $i\gamma_k\omega$ 小，而折射率就幾乎全是虛數了。於是光的吸收成爲主要的效應。就是這個效應造成我們從太陽所接收到的光譜上面的暗線。光從太陽的表面，經過太陽的大氣（以及地球的大氣），與太陽大氣中原子共振頻率相同的光，就被大幅的吸收了。

　　通過觀測陽光的譜線，讓我們能夠知道原子的共振頻率，進而得知太陽大氣的化學組成。同樣的觀測也可以告訴我們恆星上的物質。從這樣的測量，我們知道，太陽與恆星上的化學元素，與我們在地球上所發現的一樣。

31-5　電波所攜帶的能量

我們已經知道，折射率的虛部表示吸收。現在我們將應用這項知識，找出光波所攜帶的能量。早先我們曾經有一個概念，光所攜帶的能量與 $\overline{E^2}$ 成正比，即與波的電場平方的時間平均成正比。E 因為吸收而變小，必定代表有能量的耗損，我們可以猜想，這些耗損定然是因為電子摩擦，結果轉變成物體中的熱。

假如我們考慮單位面積上到達的光，比如說圖 31-1 的薄板上一平方公分的面積，那麼我們可以寫成下面的能量方程式：（如果我們假設能量不變，而我們也的確如此！）

$$每秒鐘進來的能量$$
$$= 每秒鐘出去的能量 + 每秒鐘做的功 \tag{31.23}$$

第一項我們可以寫成 $\alpha\overline{E_s^2}$，此處 α 是一個未知的比例常數，與 $\overline{E^2}$ 的平均跟所攜帶能量的比有關。至於第二項，必須包括來自物質中輻射原子的部分，所以我們將應用 $\alpha\overline{(E_s+E_a)^2}$，也就是（將平方展開）$\alpha(\overline{E_s^2} + 2\overline{E_sE_a} + \overline{E_a^2})$。

到此為止，所有的計算都只涉及到一薄層的物質，它的折射率接近 1，所以 E_a 永遠比 E_s 小（這只是為了方便於計算）。因此在我們所用的近似中，可以去掉 $\overline{E_a^2}$ 這一項，因為它比 $\overline{E_sE_a}$ 小很多。但你或許會認為應該也把 $\overline{E_sE_a}$ 忽略掉，因為它必定比 $\overline{E_s^2}$ 更小。沒錯，它是比 $\overline{E_s^2}$ 小了許多，但是我們卻必須要保留它，否則我們的近似值就只在適用於這個物質完全不存在的情況了！有一個方法可以驗證我們的計算是否前後一致，就是看看我們是否一直保留所有

與 $N\,\Delta z$（物質的原子單位面積密度）成正比的項，但是可以忽略與 $(N\,\Delta z)^2$ 成正比的項，或是更高次方的 $N\,\Delta z$。我們所用的近似應該稱爲「低密度近似」。

在同樣的想法下，我們也可以說，我們的能量公式忽略了來自反射波的能量。然而這無關大礙，因爲這一項也與 $(N\,\Delta z)^2$ 成正比，這是由於反射波的振幅與 $N\,\Delta z$ 成正比之故。

至於(31.23)式中的最後一項，我們希望能夠算出進入的波對電子所做的功。我們知道功等於力乘以距離，所以做功**率**〔也稱爲功率（power）〕等於力乘以速度。實際上是 $\mathbf{F}\cdot\mathbf{v}$，但是當速度與力全順著一方向時，就好像我們這裡的情況一樣（除了可能會有負號之外），我們便不必擔憂向量的點積。所以對每個原子，我們用 $\overline{q_e E_s v}$ 當作是平均功率。因爲每單位面積有 $N\,\Delta z$ 個原子，(31.23)式的最後一項是 $N\,\Delta z\,q_e\overline{E_s v}$。我們的能量方程式現在看起來像

$$\alpha\overline{E_s^2} = \alpha\overline{E_s^2} + 2\alpha\overline{E_s E_a} + N\,\Delta z\,q_e\,\overline{E_s v} \tag{31.24}$$

把有 $\overline{E_s^2}$ 的項削掉，那麼我們的公式就變成

$$2\alpha\overline{E_s E_a} = -N\,\Delta z\,q_e\,\overline{E_s v} \tag{31.25}$$

現在我們再回到(30.19)式，它告訴我們說，當 z 很大時，

$$E_a = -\frac{N\,\Delta z q_e}{2\epsilon_0 c}\,v\,(\text{被 } z/c \text{ 延遲}) \tag{31.26}$$

（還記得，$\eta = N\,\Delta z$）。把(31.26)式代進(31.25)式的左邊，我們得到

$$2\alpha\,\frac{N\,\Delta z q_e}{2\epsilon_0 c}\,\overline{E_s\,(\text{在}z)\cdot v\,(\text{被 }z/c\text{ 延遲})}$$

然而在這裡，E_s（在 z 點）等於 E_s（在原子中）被延遲了 z/c 的時間。因爲平均不受時間的影響，現在的平均與延遲 z/c 之後的平均相同，因此上面的平均也等於 $\overline{E_s(\text{在原子中}) \cdot v}$，亦即出現在 (31.25)式右手邊的同一個平均值。因此兩邊就會相等，只要

$$\frac{\alpha}{\epsilon_0 c} = 1, \quad \text{或是} \quad \alpha = \epsilon_0 c \tag{31.27}$$

我們發現，如果能量是守恆的，電波在每單位時間及每單位面積所攜帶的能量（就是我們所稱的**強度**）必然是 $\epsilon_0 c \overline{E^2}$。假如我們稱這個強度是 $\overline{S}$，可以得到

$$\overline{S} = \left\{ \begin{array}{c} 強度 \\ 或 \\ 能量／面積／時間 \end{array} \right\} = \epsilon_0 c \overline{E^2} \tag{31.28}$$

此處畫在上面的**一橫**，意思是**時間平均**。我們從折射率的理論得到額外的結果！

31-6　屏幕導致的光繞射

趁現在的機會，讓我們來討論一個稍微不同的題目，我們可以利用這一章所討論到的機制來處理上一章我們曾經提到，當你有一個不透明的屏幕，而且光可以通過屏幕上的某些小孔而透過去，若想獲得光的強度分布，也就是繞射圖樣，可以想成像這些小孔被許多光源所取代（振盪器），並且均勻分布在整個小孔上。換句話說，對一些繞射波來說，小孔彷彿是新的光源。我們必須解釋這一點爲什麼如此，因爲小孔本身正是**沒有**光源、也**沒有**加速電荷的地方。

讓我們首先問一個問題：「怎樣才算是不透明的屏幕？」假設在光源 S 與 P 的觀測者之間有一個不透明的屏幕，像圖 31-6(a) 中所畫的一樣。如果這個屏幕是「不透明」的，那麼 P 點就沒有電場。爲什麼那裡沒有電場？根據基本原理，我們應該在 P 點得到一個電場，等於光源延遲的電場 E_s 加上所有其他電荷所產生的電場。但是，我們在上面已經看到，在屏幕上的電荷會受到電場 E_s 的驅使而運動，這些運動又可以產生新的電場，假如屏幕不透明，它必定**恰好抵消**掉在屏幕後面的電場 E_s。你或許會說：「怎麼這麼巧，**恰好**可以平衡掉！假設這不完全正確的話又如何？」

如果不是剛好可以抵消的話（不要忘了，這個不透明屏幕是有些厚度的），那麼到達屏幕後端的電場就不會剛好等於零。所以，如果結果不是零，會導致屏幕上的物質裡面一些其他電荷開始運動，因此又產生一點電場，嘗試把整個電場都平衡掉。所以假如我們把屏幕做得夠厚，就不會產生多餘的電場，因爲有足夠的機會讓這些東西最終都停止下來。以前面的公式來說，我們可以說，這個屏幕具有很大的虛數折射率，所以當波通過時，是以指數的方式被吸收。當然我們知道，最不透明的物質，甚至是金子，只要它非常薄，都能透光。

現在讓我們看看如果一個不透明的屏幕上面有孔時，就像圖 31-6(b) 所示，情況又將如何。我們預期在 P 點會有什麼樣的電場？這個 P 的電場可以由兩個部分的和來代表，也就是由光源 S 所產生的電場加上屏幕壁所造成的電場，後者就是由屏幕壁上的電荷運動所產生的電場。我們必然會認爲，這些在壁上運動的電荷所產生的電場一定很複雜，但是實際上我們可以用簡單的方法找出**它們所產生的是什麼樣的電場**。

假設我們現在所討論的是同樣的屏幕，但是把小孔給塞上，像

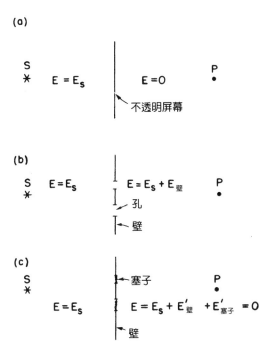

圖 31-6 屏幕造成的繞射

圖 31-6(c) 所表示的。我們假想,這些塞子的材料與屏幕是同樣物質。請注意,這些塞子是剛好塞住 (b) 情形中的小孔。現在讓我們來計算一下 P 點的電場。在 (c) 中的情況,處於 P 的電場當然是零,但是它也等於來自光源的電場加上屏幕壁與塞子上所有原子運動產生的電場。我們可以寫成下列方程式:

情況 (b): $E_{P點} = E_s + E_壁$

情況 (c): $E'_{P點} = 0 = E_s + E'_壁 + E'_塞子$

此處的**撤**，指的是有塞子塞住小孔的情形，但是 E_s 在兩個情況都一樣，是光源的電場。現在假如我們把這兩個程式相減，得到

$$E_{P點} = (E_{壁} - E'_{壁}) - E'_{塞子}$$

現在，假使孔不是太小（比如直徑是幾個波長的大小），壁上的電場應該不會因為孔被塞住而有所改變，除了在孔的周圍邊緣上可能會有一些小變化。我們可以忽略掉這些小影響，而讓 $E_{壁} = E'_{壁}$，就可以得到

$$E_{P點} = -E'_{塞子}$$

我們得到的結果是在 P 點的電場，當**屏幕上有孔時**（情況 b），等於完全不透明壁上**由塞子塞住孔的部分所產生的電場**（除了正負號不同）。（正負號沒有什麼重要性，因為通常我們所感興趣的是與電場平方成正比的強度。）這個看起來似乎是反反覆覆的論證。然而，它不但成立（對於不是太小的孔，就大約成立），而且有用，同時也是一般繞射理論的依據。

在任何特殊的情況下，$E'_{塞子}$ 這個電場是可以計算出來的，只要記住，屏幕上**任何地方**的電荷運動都會恰好可以抵消掉在屏幕後面的電場 E_s。一旦我們知道了這些運動，只要把塞子上的電荷在 P 所產生的電場加在一起就行了。

我們再一次聲明，這裡所討論的這個繞射理論只是近似的理論，只有當孔不是太小時才適用。如果孔太小的話，$E'_{塞子}$ 這一項會變得非常小，那麼 $E'_{壁}$ 與 $E_{壁}$ 之間的差可能很相近，或是大於 $E'_{塞子}$（這個差我們在上面讓它等於零，以便得到近似值），那麼我們的近似方法就不再適用了。

第32章

輻射阻尼與光散射

32-1　輻射阻力

上一章我們學習到系統如在振盪，能量會流失，並且推導出振盪系統輻射出的能量的公式。如果我們知道電場，那麼電場平方的平均值乘以 $\epsilon_0 c$ 就是每秒每平方公尺通過垂直於輻射方向的表面之能量：

$$S = \epsilon_0 c \langle E^2 \rangle \tag{32.1}$$

任何一個振盪的電荷都會輻射出能量；例如，一個受驅動的天線會輻射能量。假如一個系統輻射出能量，那麼爲了解釋能量守恆，我們必須找出經由金屬導線傳送到天線上的功率。也就是對輸送電路來說，天線的作用類似**電阻**，或是者說是一個可以讓能量「不見」的地方（能量並沒有眞正不見，只是被輻射出去而已，不過對電路來說，能量算是不見了）。

在一個普通的電阻，「不見」了的能量轉換成熱；在我們的例子裡，「不見」了的能量則被送入空間。但是就電路理論的觀點而言，並沒有考慮到能量不見了後到**哪兒**去了，電路的淨效應仍是一樣的，就是能量從電路「不見」了。所以對電源而言，天線類似電阻，即使它可能是用最好的銅所製成的。事實上，如果天線是精心製造出來的，它幾乎純然就是一個電阻，具有非常小的電感或電容，因爲我們希望經由天線輻射出去的能量愈多愈好。這種天線所顯示的電阻，稱爲**輻射阻力**（radiation resistance）。

假如有一個電流 I 進入天線，那麼輸送到天線的平均功率等於電流平方的平均值乘以電阻。當然，天線輻射的功率與天線中電流的平方成正比，這是因爲所有的場都與電流成正比，並且能量的釋

放也與電場平方成正比。這個輻射功率與 $\langle I^2 \rangle$ 的比例係數就是輻射阻力。

　　一個值得思考的問題是，這個輻射阻力是由什麼所引起的？讓我們舉個簡單的例子：比如說電流在天線中受驅動而上下流動。我們發現，假如要讓一個天線輻射出能量，就必須對它做功。假如我們讓一個帶電物體上下加速，它就會輻射出能量；但是如果沒有帶電，就不會輻射能量。因此從能量守恆定律來計算出能量的減損是一回事，但回答以下問題：我們是為了要**對抗什麼力**而做功，又是另一回事。這是一個既值得玩味又非常困難的問題，對電子而言，我們從來沒得到完整、滿意的答案，不過對於天線而言，我們倒是有答案。原因是：天線某一部分的移動電荷所產生的電場，會與天線另外一部分的移動電荷交互作用。我們可以計算出這些力，並且找出它們做了多少功，如此就可以找到正確的規則，以算出輻射阻力。

　　當我們說「可以計算」，其實並不完全正確，因為**我們**並不能，這是由於我們尚未研究出短距離的電學定律，我們只知道長距離的電場情況而已。我們知道(28.3)式（就是電場 E 的公式），然而目前對我們來說，計算波區中的電場還是太複雜了。當然，因為能量守恆的緣故，雖然不知道在短距離內的電場，我們還是可以算出結果來。（事實上，反過來利用這個論點，結果會發現，應用能量守恆律，我們可以找到短距離內的力的公式，只要能夠知道長距離外的電場就行了，但是此刻我們不會深究這個問題。）

　　對單一電荷的情況而言，問題是：如果只有一個電荷，那麼力將作用在何處？舊的古典理論中曾經假設電荷是一個小球，而且電荷的一部分可以對它的另外一部分作用。因為這個作用得橫跨整個微小電子，因而造成延遲，使得力與運動沒有剛好同相位。也就是

說，如果有一個靜止的電子，我們知道「作用力等於反作用力」，所以各種內力全相等，淨力等於零。但是如果有一個電子在加速中，那麼因爲跨過整個電子的時間延遲，電子的後面部分對前面部分作用的力，並不恰好等於前面部分對後面部分作用的力，這是因爲延遲的效應。這種時間的延遲使這兩個力不會相互抵消，因此淨效應就是電子把自己拉回來了！電荷一旦有加速度，就會輻射，就應受到輻射阻力，而上面這個說明這種阻力來源的模型，也就是運動電荷的輻射阻力來源，遭遇上了許多困難，因爲用我們現在的觀點來看，電子並**不是**一個「小球」，所以這個問題一直無法解決。

儘管如此，我們仍然可以正確計算出淨輻射阻力應該是多大，也就是說，當我們加速一個電荷時，雖然沒有辦法直接得知力如何作用的機制，但還是可以計算出到底損失了多少能量。

32-2　能量輻射率

現在我們要來計算一個加速電荷所輻射出的總能量。爲了不僅僅討論特殊情況，我們將考慮任何加速電荷的情況，只是不考慮與相對論有關的情形。例如，當電荷在垂直方向上有加速度時，我們知道所產生的電場等於，電荷乘以延遲加速度的投影，再除以距離。所以如果我們知道在任一處的電場，那麼由此可知電場的平方，進而得知每秒經過單位面積的能量 $\epsilon_0 c E^2$。

$\epsilon_0 c$ 這個量常見於涉及無線電波傳播的式子，它的倒數就稱爲**真空阻抗**（impedance of vacuum），是一個很容易記住的數目： $1/\epsilon_0 c$ = 377 歐姆。因此，每平方公尺的功率（功率的單位爲瓦特），等於電場平方的平均值除以 377。

應用 (29.1) 式的電場公式，我們得到

$$S = \frac{q^2 a'^2 \sin^2 \theta}{16\pi^2 \epsilon_0 r^2 c^3} \tag{32.2}$$

這是每平方公尺在 θ 方向輻射出的功率。我們注意到，它與距離平方成反比，和我們以前所說的一樣。

現在假設我們要求向各個方向輻射的總能量：那麼我們必須把(32.2)式對所有方向積分。首先我們把它乘以面積，找出在小角度 $d\theta$ 內流出的能量（見圖 32-1）。我們需要球面這部分的面積。正確的設想應該是：假如 r 是半徑，那麼這個角度的切割部分的寬度就是 $r\,d\theta$，且周長是 $2\pi r \sin\theta$，因為 $r \sin\theta$ 是這個圓的半徑。所以這一小塊球面的面積是 $2\pi r \sin\theta$ 乘以 $r\,d\theta$：

$$dA = 2\pi r^2 \sin\theta \, d\theta \tag{32.3}$$

把通量（即(32.2)式，每平方公尺的功率）乘以角度 $d\theta$ 內的面積（單位為平方公尺），我們得到在 θ 與 $\theta + d\theta$ 之間的方向所釋放的能

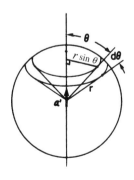

圖 32-1　部分球面面積等於 $2\pi r \sin\theta \cdot r\,d\theta$

量；然後我們對從 0 到 180° 的所有角度 θ 積分：

$$P = \int S\, dA = \frac{q^2 a'^2}{8\pi\epsilon_0 c^3} \int_0^\pi \sin^3\theta\, d\theta \qquad (32.4)$$

利用 $\sin^3\theta = (1 - \cos^2\theta)\sin\theta$ 這等式，就不難證明 $\int_0^\pi \sin^3\theta\, d\theta = 4/3$。所以我們最後得到

$$P = \frac{q^2 a'^2}{6\pi\epsilon_0 c^3} \qquad (32.5)$$

上面這個式子需要一些說明。首先，因為向量 $\mathbf{a}'$ 有一特定方向，而在 (32.5) 式中的 a'^2 是 $\mathbf{a}'$ 向量的平方，即 $\mathbf{a}' \cdot \mathbf{a}'$，是向量長度的平方。其次，(32.2) 式中的通量是利用推遲加速度而求得的；也就是說，這個推遲加速度是正在通過球面的能量在更早被輻射出去之時刻的加速度。我們可能會說，此能量事實上是在較早時間被釋放出去的。這可能也不完全正確；這只是一個近似概念。能量釋放的確定時間是無法精確定義的。我們真正能夠精確計算的，是在一個完整運動中所發生的情況，例如一次振盪等等，在這些情況中，加速度最終會停止下來。我們發現，對一個完整週期來說，每一個週期的總能量通量等於加速度平方的平均值。這就是 (32.5) 式的真正意義。或者，假如一個運動的加速度在開始與結束時都為零，那麼釋放出去的總能量就是 (32.5) 式對時間的積分。

當我們有一個振盪系統，為了要示範 (32.5) 式可以得到的結果，如果振盪中的電荷位移是 x，那麼它的加速度 a 等於 $-\omega^2 x_0 e^{i\omega t}$，讓我們來看看會發生什麼事。因此整個週期的加速度平方的平均值（記住，當我們遇到複數記號時，平方要特別小心，它實際上是餘弦，而且 $\cos^2\omega t$ 的平均值等於 $1/2$）就是

$$\langle a'^2 \rangle = \tfrac{1}{2}\omega^4 x_0^2$$

所以

$$P = \frac{q^2 \omega^4 x_0^2}{12\pi\epsilon_0 c^3} \tag{32.6}$$

我們現在正在討論的這些公式,是比較深了一點,並且多少有現代感;它們可以追溯到二十世紀初期,而且是相當著名的公式。就是因為它們的歷史價值,我們認為能夠在較老的書上讀懂這些內容,對我們來說相當重要。事實上,在較老的書中所用的單位制與今天我們所用的 mks 制有所不同。然而,在涉及電子的最後公式中所有遇到的困難都可以得到徹底的解決,只要我們根據以下的規則:$q_e^2/4\pi\epsilon_0$ 這個量(q_e 是電子的電荷,單位是庫侖),在歷史上曾經把它寫成 e^2。我們可以很容易算出來 e 的值,在 mks 制中等於 1.5188×10^{-14},因為我們知道 $q_e = 1.60206 \times 10^{-19}$,以及 $1/4\pi\epsilon_0 = 8.98748 \times 10^9$。所以我們應該經常利用這個方便的簡寫:

$$e^2 = \frac{q_e^2}{4\pi\epsilon_0} \tag{32.7}$$

如果我們把上面的 e 值用在較古老的公式中,並且把它們當作像是以 mks 制來表示,我們就可以得到正確的數值結果。舉例來說,在以前,人們會把(32.5)式寫成 $P = \tfrac{2}{3}e^2 a^2/c^3$。再者,一個質子與一個電子正距離為 r 時的位能是 $q_e^2/4\pi\epsilon_0 r$ 或是 e^2/r,其中 $e = 1.5188 \times 10^{-14}$(mks)。

32-3 輻射阻尼

振盪器會損失某些能量，這件事意味著當我們把一個電荷放在彈簧的末端（或者是像一個電子在原子中一樣），彈簧的固有頻率為 ω_0，並讓它開始振盪，然後放手，但是它不可能會永遠振個不停，即使彈簧處於什麼都沒有的真空中，距離任何東西都有幾百萬英里之遙。沒有潤滑油，也沒有平常遇上的阻力；也就是沒有「黏性」。

雖然如此，這個系統仍不會永不停止的振盪下去，因為假如它帶電荷，就會輻射出能量，因此振盪會慢慢停下來。多慢？像這樣一個振盪器，由電磁效應──也就是振盪器的輻射阻力或者輻射阻尼（radiation damping）──所造成的 Q 是多少？任何振盪系統的 Q 等於這個振盪器在任何時間所含有的總能量除以每弧度所損失的能量：

$$Q = \frac{W}{dW/d\phi}$$

或因為 $dW/d\phi = (dW/dt)/(d\phi/dt) = (dW/dt)/\omega$，也可以用另外一種寫法，寫成

$$Q = \frac{\omega W}{dW/dt} \tag{32.8}$$

只要確定了 Q 的值，這可以告訴我們振盪的能量是怎樣消失的，因為 $dW/dt = -(\omega/Q)W$，這個式子的解是 $W = W_0 e^{-\omega t/Q}$，其中的 W_0 是初始能量（$t = 0$ 時）。

要找出輻射器的 Q ，我們要再回到(32.8)式，並利用(32.6)式來取代 dW/dt 。

現在我們需要用什麼來當作振盪器的能量 W 呢？振盪器的動能是 $\frac{1}{2}mv^2$ ，且**平均**動能是 $m\omega^2 x_0^2/4$ 。但是我們記得，振盪器的總能量，平均來說，一半是動能，一半是位能，所以結果是上述平均動能的兩倍，因此得到振盪器的總能量是

$$W = \tfrac{1}{2}m\omega^2 x_0^2 \tag{32.9}$$

在這個公式中，我們應該用什麼樣的頻率呢？我們應該用固有頻率 ω_0 ，因為實際上，這就是原子輻射的頻率，至於 m ，我們則用電子的質量 m_e 來代替。然後，經過必須的相除與相消，這個方程式簡化為

$$\frac{1}{Q} = \frac{4\pi e^2}{3\lambda m_e c^2} \tag{32.10}$$

（為了比較容易辨別以及更具有歷史意義，我們所寫下的方程式用了 $q_e^2/4\pi\epsilon_0 = e^2$ 這個簡寫，而且捨棄 ω_0/c 這個因子，改寫成 $2\pi/\lambda$ 。）

因為 Q 無因次， $e^2/m_e c^2$ 這個組合必定僅是電子電荷與質量的性質，也就是原子的內在性質，而且它必然是一個**長度**。這個長度曾經被稱為**古典電子半徑**（classical electron radius），此名稱來自於早期發明的原子模型，這些原子模型以「電子的一部分會對電子的另一部分施力」為基礎，來解釋輻射阻力，它們全都要求電子具有和此長度一樣數量級的大小。然而這個量已不再具有意義，因為我們不相信電子真會有**這樣**的半徑。數值上來說，半徑的大小是

$$r_0 = \frac{e^2}{m_e c^2} = 2.82 \times 10^{-15} \text{ 公尺} \tag{32.11}$$

現在讓我們實際計算一個發射光的原子的 Q 值，例如鈉原子。對鈉原子而言，它發出的光波長大約是 6,000 埃，位於可見光譜的黃色區域，這是一個典型的波長。所以

$$Q = \frac{3\lambda}{4\pi r_0} \approx 5 \times 10^7 \tag{32.12}$$

因此這個原子的 Q 的數量級是 10^8。表示這個原子振盪器在它的能量下降爲原來的 $1/e$ 倍之前，會振盪了 10^8 弧度，或大約 10^7 次。波長 6,000 埃的光，振盪頻率 $\nu = c/\lambda$ 的數量級相當於 10^{15} 週／秒，所以它的壽命，也就是輻射原子的能量降到原來的 $1/e$ 倍所需要的時間，數量級等於 10^{-8} 秒。在一般情況下，可自由輻射的原子通常需要大約這麼長的時間來輻射。這只適用於位於空無一物的空間中的原子，而且不受任何干擾。假如電子是在固體中，它必定會撞到其他原子或電子，那麼就會有額外的阻力，以及不同的阻尼。

在振盪器的阻力定律中，有效阻力項 γ 可以由 $1/Q = \gamma/\omega_0$ 的關係得到，而且我們還記得 γ 的大小可以決定共振曲線的寬度（見圖 23-2）。因此我們可以算出自由輻射原子的**譜線寬度**！因為 $\lambda = 2\pi c/\omega$，所以我們得到

$$\begin{aligned}
\Delta\lambda &= 2\pi c\, \Delta\omega/\omega^2 = 2\pi c\gamma/\omega_0^2 = 2\pi c/Q\omega_0 \\
&= \lambda/Q = 4\pi r_0/3 = 1.18 \times 10^{-14} \text{ 公尺}
\end{aligned} \tag{32.13}$$

32-4 獨立源

在開始進入第二個主題「光散射」以前，我們必須先討論前面略過的干涉現象的特點。這個問題就是，在什麼情況之下**不會**發生干涉現象。假如我們有兩個源 S_1 與 S_2，振幅分別是 A_1 與 A_2，而我們從某個方向進行**觀測**，在那個方向，兩個訊號到達時的相位是 ϕ_1 與 ϕ_2（實際振盪時間與延遲時間的組合，全看觀測者的位置而定），那麼我們所接收到的能量可以從合成這兩個複數向量 A_1 及 A_2 找到，它們一個在角度 ϕ_1，另外一個在角度 ϕ_2（就像在第 29 章中的繞射現象一樣），如此我們所找到的能量和與下式成正比

$$A_R^2 = A_1^2 + A_2^2 + 2A_1A_2 \cos(\phi_1 - \phi_2) \qquad (32.14)$$

現在假如 $2A_1A_2 \cos(\phi_1 - \phi_2)$ 這個交叉項不存在，那麼在某個方向所接收到的總能量就是等於各個能量的和（$A_1^2 + A_2^2$），這些能量是由每個源分別釋放出來的，符合我們一般所預期的結果。也就是說，從兩個光源來的光照射在某個物體上時，兩者合起來的強度等於這兩個光的強度之和。反之，假如我們把物體放在恰好的位置上，使得交叉項能夠存在，那麼結果就不等於這樣的和，因為還有一些干涉存在。如果有一些情況，使得這個交叉項變得不重要，那麼我們會說干涉顯然不見了。當然，在自然界中，干涉一直都存在著，只是我們沒有辦法偵察到而已。

讓我們來看幾個例子。假設，首先有兩個源相隔 7,000,000,000 個波長，這個情況並非不可能。那麼在特定方向上，它們確實有個確定的相位差。但是，另一方面，假如我們在某個方向移動極其微

小的距離，比方說幾個波長，看起來像是幾乎沒有移動過一樣（與一個波長的大小相比較，我們的眼睛是相當大的孔洞，所以我們用眼睛觀測時，會把寬廣範圍內的效應平均起來），但是我們已經改變了相對的相位，所以餘弦也快速的改變。假如我們在小範圍內取其強度的**平均**，那麼當我們四處移動時，這個餘弦會變成正、負、正、負，結果平均值等於零。

　　所以，在相位隨著位置快速改變的區域，假如我們對整個區域取平均，就得不到任何干涉了。

　　還有一個例子。假設兩個源是兩個獨立的無線電振盪器，並非用兩根金屬線連接到同一振盪器上（如果是這樣，則保證兩個相位會保持一致），而是兩個獨立的源，而且它們沒有**剛好**調節到同一頻率上（事實上，把兩個振盪器精確的調到同樣的頻率，非常困難，除非用金屬線把它們連接起來）。在這個例子，我們**擁有**兩個所謂的**獨立**源。因為兩個振盪器的頻率不是恰好相等，即使它們從同一相位開始，當然其中一個的相位開始超前另外一個一點，很快的，它們就變成不同相位，然後愈離愈遠，但是不久之後，它們又變回同相。所以兩者之間的相位差會隨著時間漂移，但是假如我們的觀測比較粗略的話，以致於沒有辦法認出來這種短時間內的變化，那麼如果我們對一段比較長的時間取平均，則雖然強度的上升與下降，會類似我們所說的聲音的「拍子」一樣，但如果上升和下降得太快，使得我們的儀器無法跟上的話，那麼這一項就又會因取平均而不見了。

　　換句話說，在任何情況下，如果相移可以平均掉，我們就得不到干涉！

　　我們可以發現，許多書中都說，兩個完全不同的光源永遠不會互相干涉。這不是物理的說法。而僅是在寫書之時，基於實驗技術

的靈敏感度而下的定論。發生在一個光源的實際情況是，第一個原子輻射出去，然後另外一個原子接著輻射出去，一個接著一個。我們先前看到原子大約 10^{-8} 秒內輻射出一串的波；10^{-8} 秒以後，另一原子可能會取而代之，不久以後又是另外一個，如此類推。所以相位實際上只能在 10^{-8} 秒的間隔內保持不變。因此，假如我們取平均的時間間隔超出 10^{-8} 秒太多的話，就看不見從這兩個不同光源來的干涉，因為它們沒有辦法維持相位的穩定性超過 10^{-8} 秒鐘。

應用光電管（photocell）有可能達到超高速測量，可以證明存在著隨著時間而變的干涉，一上一下，大約的間隔是 10^{-8} 秒。當然，大部分測量儀器都沒有辦法測量到這麼小的時間間隔，因此看不到干涉。我們的眼睛自然就更沒有辦法了，眼睛只能對約十分之一秒的時距取平均，無論如何，都沒有機會能看到兩個不同的一般光源的干涉。

近來總算出現了一些光源可以克服這個效應，它們能夠讓所有的原子**一起**發射。這種裝置非常複雜，必須用量子力學來瞭解。這就是所謂的**雷射**（laser）。雷射可以製造出光源，讓相位保持不變的時間比 10^{-8} 秒長了許多。這個時距可以是百分之一秒、十分之一秒，甚至是一秒鐘左右，用普通的光電管，我們可以接收到兩個不同雷射之間的頻率。我們能夠很容易的偵測到兩個雷射源之間的拍脈衝。毫無疑問，有人很容易可以示範干涉，只要把兩個雷射源照射在牆上，因為它們的拍很慢，我們可以**看到**牆上的變亮與變暗！

另外一個干涉被平均掉的例子，需要利用超過**兩個以上**的**許多**光源。在這個例子中，我們把許多振幅（複數）全部加在一起，再取平方，就會得到每一項振幅的平方之和，再加上每一對之間的交叉項，如此所得到的總和我們用 A_R^2 來表示。假如交叉項被平均掉

的話,那麼就不會有干涉效應。可能的情況是,各個源位於隨意的位置,雖然 A_2 與 A_3 之間的相位差是確定的,但它與 A_1 跟 A_2 之間的相位差又大不相同,等等。因此我們將得到一大堆餘弦,它們有許多是正值,也有許多負值,最後全部平均掉了。

　　所以在許多情況之下,我們看不見干涉效應,而只看到一個合起來的總強度等於所有強度的和。

32-5　光散射

　　上面的討論,把我們引到另外一個發生在空氣中的效應,這是由於原子的不規則位置所造成的結果。我們在討論折射率的時候,看到入射光束可以引起原子再度輻射。入射光束的電場驅動電子上下運動,並且電子因為加速而發出輻射。這個散射輻射合併起來,在入射光束的同方向上,產生一個光束,但是其相位與原來光束的相位稍有不同,而這個就是折射率的來源。

　　然而,這些加速電子所發出輻射在其他方向上會是如何呢?一般來說,假如原子美妙的排列成完美圖樣的話,很容易看出,在其他方向上什麼都沒有,因為我們是把許多相位不停改變的向量加在一起,因此結果等於零。但如果這些物體**隨機**排列,那麼在任何方向的總強度等於被每個原子所散射的強度之**和**,就像我們剛才所討論的一樣。此外,氣體中的原子實際上是在運動,所以雖然兩個原子的相對相位現在是一個確定值,但隨後相位可能十分不同,因此**每個**餘弦項將會平均掉。所以,要找出在特定方向有多少光被氣體散射出去,我們只需要探測**一個原子**的效應,然後把輻射強度乘以原子的數目就行了。

　　早先,我們曾經說過,藍色天空源自光的散射現象。陽光穿過

空氣，當我們朝太陽的一邊看時，比如說與光束成 90° 角，我們會看到藍色光。現在我們要計算的是，我們看到了**多少光**，以及**它為什麼是藍色的**。

如果於原子所在的位置上，入射光束的電場是* $\mathbf{E} = \hat{\mathbf{E}}_0 e^{i\omega t}$，我們知道，原子中的一個電子會因為感應到這個電場 $\mathbf{E}$ 而上下振動（見圖 32-2）。根據(23.8)式，其位移會是

$$\hat{\mathbf{x}} = \frac{q_e \hat{\mathbf{E}}_0}{m(\omega_0^2 - \omega^2 + i\omega\gamma)} \tag{32.15}$$

我們可以把阻尼算進去，還把原子當作是幾個頻率不同的振盪器，然後把各種不同的頻率加在一起，但是為了簡化，我們只選取一個

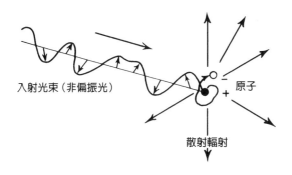

入射光束（非偏振光）　　原子

散射輻射

圖 32-2　輻射光束落在一個原子上，造成原子中的電荷（電子）開始運動。運動中的電子隨即往各方向輻射。

*原注：當向量上出現一個小帽子，代表該向量的**分量**是複數：$\hat{\mathbf{E}} \equiv (\hat{E}_x,\ \hat{E}_y,\ \hat{E}_z)$。

振盪器，而且忽略阻尼。那麼對入射的外來電場的回應（我們在計算折射率時就用過的）可以簡單寫成

$$\hat{\mathbf{x}} = \frac{q_e \hat{\mathbf{E}}_0}{m(\omega_0^2 - \omega^2)} \tag{32.16}$$

利用(32.2)式以及對應於上式 $\hat{\mathbf{x}}$ 的加速度，我們很容易計算出往各方向放射的光的強度。

　　然而為了節省時間，我們不這麼做，而只簡單計算朝**所有**方向散射的光的**總量**。單一原子每秒往所有方向散射的總光能量，當然可以由(32.6)式來計算。所以，把各個結果合併起來，重新組合，我們得到

$$
\begin{aligned}
P &= [(q_e^2\omega^4/12\pi\epsilon_0 c^3)q_e^2 E_0^2/m_e^2(\omega^2 - \omega_0^2)^2] \\
&= (\tfrac{1}{2}\epsilon_0 c E_0^2)(8\pi/3)(q_e^4/16\pi^2\epsilon_0^2 m_e^2 c^4)[\omega^4/(\omega^2 - \omega_0^2)^2] \\
&= (\tfrac{1}{2}\epsilon_0 c E_0^2)(8\pi r_0^2/3)[\omega^4/(\omega^2 - \omega_0^2)^2]
\end{aligned} \tag{32.17}
$$

這個方程式代表往所有方向輻射的總散射功率。

　　我們把結果寫成上面的形式，是為了容易記住：首先，散射的總能量與入射場的平方成正比。這是什麼意思？顯然是因為入射場的平方與每秒進來的能量成正比。事實上，每秒每平方公尺的入射能量是 $\epsilon_0 c$ 乘以電場平方的平均值 $\langle E^2 \rangle$；假如 E_0 是 E 的最大值，那麼 $\langle E^2 \rangle = \tfrac{1}{2}E_0^2$。換句話說，散射的總能量與每平方公尺進來的能量成正比；在天空中閃耀的陽光愈強，天空看起來愈明亮。

　　下一個問題是，有**多少**入射光被散射掉了？我們可以想像光束中有一個具有某面積（例如 σ 的「靶」（這不是真的實質標靶，否則它會使光繞射等等；我們的意思只是在空間中畫一假想面積）。經過這個面積 σ 的總能量與入射強度及 σ 成正比，總功率會是

$$P = (\tfrac{1}{2}\epsilon_0 c E_0^2)\sigma \qquad\qquad (32.18)$$

現在我們發明一個想法：我們說這個原子散射的強度等於落在某個幾何面積上的強度，我們只要說出這個面積是多大，就等於說出了答案。這個答案與入射強度無關；它給我們的是散射能量與每平方公尺入射能量的比。換句話說，這個比值

$$\frac{每秒散射總能量}{每秒每平方公尺的入射能量}\quad 是某個\textbf{面積}$$

這個面積的意義是，假如所有照到那個面積上的能量會向各個方向噴出去，那麼這個落在此面積上的能量就是會被原子散射出去的能量。

　　這個面積稱爲**散射截面**（cross section for scattering）；只要有現象發生的機率與入射束的強度成正比，截面的概念就當派得上用場。在這些情況中，我們經常在描述一些現象的量時說，獲得光束中某些能量的有效面積應該多大。這並不意味說，這個振盪器眞的**擁有**這樣的面積。假如除了一個自由電子上下振動以外，沒有其他東西存在，那麼實際上就沒有面積與它直接有所關聯。它僅是表示某種答案的方式而已；它告訴我們入射光束將必須撞上多大的面積，以便說明減少的能量有多少。所以對我們的例子來說

$$\sigma_s = \frac{8\pi r_0^2}{3}\cdot\frac{\omega^4}{(\omega^2 - \omega_0^2)^2} \qquad\qquad (32.19)$$

（下標的 s 表示「散射」）。

　　現在讓我們來看看幾個例子。首先，假如我們有一個非常低的

固有頻率 ω_0，或者一個完全不受束縛的電子，它的 $\omega_0 = 0$，那麼 (32.19) 式中，分子的頻率 ω 與分子的頻率相互抵消，如此一來，截面等於一個定值。這個低頻極限，也就是自由電子截面，就是著名的**湯姆森散射截面**（Thomson scattering cross section）。這個面積的寬度大約是 10^{-15} 公尺，所以面積也就是約 10^{-30} 平方公尺，相當的小！

另一方面，假如我們考慮光在空氣中的例子，我們記得，對空氣來說，振盪器的固有頻率比我們所用的光的頻率還高。這就是說，對初階近似來說，分母可以忽略 ω^2，所以我們知道散射與頻率的**四次方**成正比。這也就是說，較高頻率的光，比如說頻率是兩倍，散射強度就是**十六倍**，差別非常大。這意思是，由於藍光頻率的是紅光頻率的兩倍，所以藍光散射的程度比紅光大了許多。因此當我們注視天空時，永遠看到燦爛的藍色！

上面的結果，有幾點需要加以說明。一個有趣的問題是，爲什麼我們隨時都會看到**雲**？雲從哪兒來？每個人都知道雲是凝結的水蒸汽。水蒸汽在凝結**以前**，當然已經存在於大氣中了，那麼爲什麼我們先前看不見？而等到它們凝結以後，看起來卻又那麼明顯。先是看不見，現在又看見了。因此如果問雲是從哪裡來的，這個問題不全然像是問：「爸爸，水是從哪兒來的？」那麼幼稚，這問題必須解釋。

我們剛才解釋過，每個原子都散射光，當然水蒸汽也不例外，也會散射光。它的神祕之處是爲什麼當水被凝結成爲雲之後，才會散射如此**巨量**的光？

如果我們有的不是一個原子，而是一團原子，比方說兩個原子，那麼當它們靠得非常近的時候（與光的波長相比），想想看會發生什麼情況。記住，原子的直徑大約只有 1 埃，而光的波長則大約是 5,000 埃，所以當原子聚集成一團時，幾個原子靠在一起，與

光的波長比較起來，它們可以說是非常接近。因此當電場作用時，**兩個原子會同時移動**。此時散射電場會是兩個同相電場的和，也就是說，振幅是單一原子的兩倍，因此散射出去的**能量**是單一原子的**四倍**，而不是兩倍！所以一群原子輻射或散射出去的能量，比當它們是單獨原子時輻射或散射出去的能量總和要多。

當我們說「相位是獨立的」，這論點的根據是，假定在任兩個原子之間的相位差非常大，這個假設只有在兩原子相隔幾個波長的距離，而且任意排列或在運動中的情況下才成立。但是如果兩原子相互靠在一起，那麼它們必定會同相位散射，因而具有同調干涉，使得散射增強。

如果有 N 個原子聚集在一起，形成一個小水滴，那麼每個原子會像之前一樣，受到電場用同樣的方式驅動（一個原子對另外一個原子的效應並不重要；無論如何，只要有這個概念就行了），而且每個原子的散射振幅都相同，所以總散射電場增加為 N 倍，而散射光的**強度**則是增加為 N^2 倍。我們也會預期，假如這些原子是散開在空中，那麼就會只是一個原子的 N 倍，然而我們卻得到了 N^2 倍！也就是說，N 個水分子組成一團之後，每一個分子的散射強度是單一分子的 N 倍。

所以水若聚集，散射也會增加。那麼，會不會就這樣**永無止境**的增加下去？不會！那要到什麼時候，這種分析才會行不通了？我們要累積多少個原子，這個論點才不適用了呢？**答案**是：假如水滴變得太大，從一邊到另外一邊大約等於或大於一個波長的時候，那麼這個原子群再也不會同相位了，因為從頭到尾相隔得太遠。所以，我們繼續不斷增加水滴的大小，得到愈來愈多的散射，直到這個水滴大到一個波長時，此時這個水滴的散射不會再像以前那樣快速的增加了。更有甚者，藍色也消失了，因為對於波長較長的波來

說，水滴可以比短波長的情況來得更大，直到達到前述的極限。雖然每個原子散射的短波比長波多，但是當所有的水滴都比波長大時，它加強了光譜中的紅色而非藍色，所以顏色由藍色轉向紅色。

現在，我們可以用一個實驗來說明這個情形。我們先製造出非常小的顆粒，然後讓它的大小慢慢增加。我們利用硫代硫酸鈉的硫酸溶液，可以沉澱出顆粒非常細小的硫。當硫沉澱出來時，最初顆粒非常小，可以散射出一點淺藍色。到了沉澱更多時，藍色就更加強，然而當顆粒變得更大時，顏色卻變成白色。

此外，筆直前進的光，會失掉藍色部分。這就是為什麼落日是紅色的，因為光經過很長一段距離的空氣，再到達人的眼睛，這過程中已經有許多藍光散射掉了，因此落日看起來是黃紅色。

最後還有一個重要的特性，涉及偏振（polarization），實際上這屬於下一章的主題，但因為十分有趣，我們現在先提一下。此特性就是關於散射光的電場傾向於在某特別方向振動的現象。入射光的電場以某種方式振動，而受驅動的振盪器也會在同一方向振動，如果我們位於這個光束的直角位置，就會看到偏振光，也就是說，電場只有在一個方向上振盪。一般來說，原子可以在垂直於光束的任何方向振動，但是假如它們受到驅動而直接向著我們而來，或者直接反方向離開我們，我們就看不見它們。所以如果進來的光的電場，會沿著任意方向改變並且振動（我們稱它是非偏振光），則與此光束成 90° 角散射出的光，其電場只會在一個方向上振盪（見圖 32-3）！

有一種物質叫做起偏器（polaroid），它具有一個特性，就是當光經過它時，只有沿著一特別軸振盪的那部分電場可以通過。我們能夠利用起偏器來檢驗偏振現象，我們的確發現，硫代硫酸鈉溶液所散射出來的光會強烈的偏振。

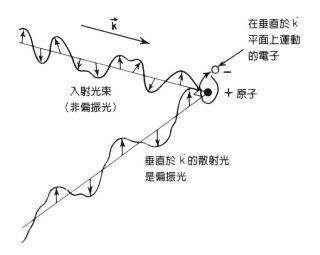

圖 32-3 圖解在入射光束直角，輻射散射的偏振現象之來源。

第33章

偏 振

33-1　光的電場向量

　　這一章中，我們要考慮的現象與光的電場是向量這一件事實有關。在前面幾章中，我們尚未考慮到電場來回振盪的方向，除了注意到電場向量（electric vector）必須位於一個垂直於傳播方向的平面上，但是我們還沒去注意這個平面上的特別方向。現在我們要研究一些現象，這些現象的重點就是電場振盪的特別方向。

　　在理想的單色光中，電場必須以一個確定的頻率振盪，但是因為 x 分量與 y 分量可以在同一固定頻率下獨立振盪，我們必須考慮相互垂直的兩個獨立振盪，疊加之後所產生的合成效應。以相同頻率振盪的 x 分量與 y 分量，所構成的電場是什麼樣的電場呢？假如把一些 y 振動以相同的相位加進 x 振動中，結果會是 xy 平面上一個方向不同的振動。我們用圖 33-1 來說明振幅不同的 x 振動與 y 振動的疊加。但圖 33-1 中的合成並不是唯一的可能，因為在所有例子中，我們假設了 x 振動與 y 振動是**同相**，然而這並不是必然的，x 振動與 y 振動也有可能是異相。

　　當 x 振動與 y 振動相位不同時，電場的向量繞著橢圓轉。我們可以用較熟悉的方法來解釋。假如我們用長線將一顆球掛於一支架上，使球可以在水平面上自由擺動，球會來回振盪。如果我們假想這個水平的 xy 座標以球的靜止位置為原點，這個球以同樣的擺動頻率沿 x 方向或 y 方向擺動。只要選取合適的起始位移與起始速度，我們可以讓球沿著 x 軸或 y 軸，或沿著 xy 平面上的任一直線振盪。球的這些運動就和圖 33-1 中所示的電場向量的振盪類似。圖中每一個例子的 x 振動與 y 振動，都同時達到它們的最高點與最低點，所以 x 振動與 y 振動有相同的相位。

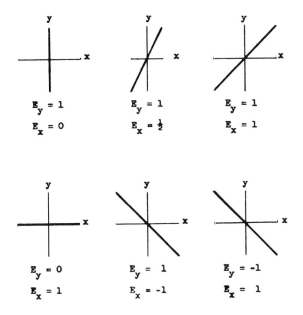

圖 33-1　同相的 x 振動與 y 振動的疊加

　　但我們知道，球最一般性的運動是沿著橢圓沿著的運動，也就是於 x 方向上的振動與於 y 方向上的振動有**不同**的相位。圖 33-2 說明了相位不同的 x 振動與 y 振動的疊加，而 x 振動與 y 振動的相位角各不相同。一般而言，結果是電場向量繞橢圓轉動。直線上的運動只是特例，相當於相位差等於零（或 π 的整數倍）；而圓周運動則對應到振幅相同、但相位差是 $90°$（或 $\pi/2$ 的奇數倍）的情形。

　　圖 33-2 中，我們用複數標示了 x 方向與 y 方向的電場向量，這是用來標示相位差的方便方法。請注意，不要把這一套記號中複數電場向量的實數分量跟虛數分量，與電場的 x 座標跟 y 座標相

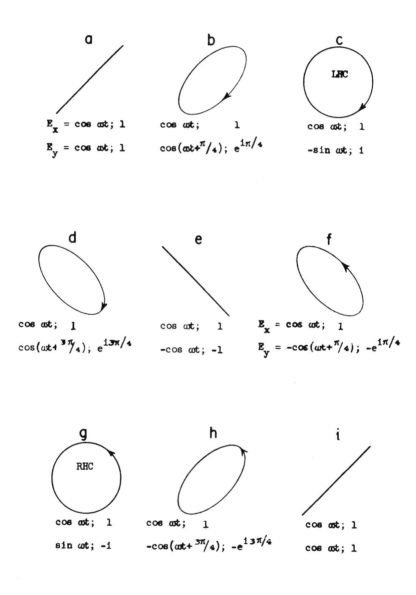

a

$E_x = \cos \omega t; \ 1$

$E_y = \cos \omega t; \ 1$

b

$\cos \omega t; \quad 1$

$\cos(\omega t + {}^{\pi}/_4); \ e^{i\pi/4}$

c

LHC

$\cos \omega t; \ 1$

$-\sin \omega t; \ i$

d

$\cos \omega t; \ 1$

$\cos(\omega t + {}^{3\pi}/_4); \ e^{i3\pi/4}$

e

$\cos \omega t; \ 1$

$-\cos \omega t; \ -1$

f

$E_x = \cos \omega t; \ 1$

$E_y = -\cos(\omega t + {}^{\pi}/_4); \ -e^{i\pi/4}$

g

RHC

$\cos \omega t; \ 1$

$\sin \omega t; \ -i$

h

$\cos \omega t; \ 1$

$-\cos(\omega t + {}^{3\pi}/_4); \ -e^{i3\pi/4}$

i

$\cos \omega t; \ 1$

$\cos \omega t; \ 1$

圖 33-2 振幅相等、但相對相位不同的 x 振動與 y 振動的疊加。 E_x 和 E_y 分量分別用實數與複數記號表示。

混。圖 33-1 與圖 33-2 中所畫出的 x 座標與 y 座標是我們能夠測量的真實電場，而複數電場向量的實數分量與虛數分量，只是為了數學上的方便，沒有物理上的意義。

現在我們來談談一些術語。當電場在一直線上振動時，這光是**線偏振**的光（有時也稱為平面偏振），圖 33-1 所示的就是線偏振。當電場向量的尾端繞著橢圓行進時，是**橢圓偏振**的光。而當電場向量的尾端繞著圓行進時，我們就得到了**圓偏振**。當光直接向我們照射，我們注視電場向量的尾端，若它以反時鐘的方向繞轉，我們稱它是右旋圓偏振。圖 33-2(g) 就是右旋圓偏振，而圖 33-2(c) 則是左旋圓偏振。在這兩個情況，光皆從紙面出來。我們用以標示左旋與右旋圓偏振所遵循的規則，與今天用來標示物理中所有其他也呈現偏振現象的粒子（例如電子）所循的規則是一致的。然而，在一些光學書中卻用了相反的規則，所以必須要小心。

我們已經討論了線偏振光、圓偏振光，以及橢圓偏振光，除了**非偏振**光以外，它們涵蓋了所有偏振現象。現在的問題是，我們知道，光必須在某種橢圓中振動，那麼光怎樣才不會偏振呢？假如光不是絕對的單色光，或是如果 x 相位與 y 相位沒有完美的維持在一起，使得電場向量先在一個方向振動，然後又在另外一個方向振動，如此一來，偏振便隨時在改變。記住，一個原子在 10^{-8} 秒內發射一次，假如一個原子發射某一種偏振光，然後另外一個原子發射另一種偏振光，那麼偏振每 10^{-8} 秒就變化一次。如果偏振現象改變得太快，以致我們沒有辦法測量，那麼我們就稱它是非偏振光，因為所有可能的偏振效應都被平均掉了。偏振的干涉效應不會出現於非偏振光之中。從這個定義，我們知道，只有在我們不能辨別光是否偏振的情況下，才把光稱為非偏振光。

33-2 散射光的偏振

我們在講光散射的時候，已經討論過偏振效應的第一個例子了。例如，來自太陽的光束照射空氣，電場會使得空氣中的電荷振盪，而這些電荷的運動，又會在與電荷振動方向垂直的平面上，以最高的強度輻射出光。來自太陽的光束屬於非偏振光，所以偏振方向不停改變，於是空氣中電荷的振動方向也不停的改變。假如我們考慮光以 90°散射出來的情況，帶電粒子的振動只有在當振動方向與觀測者的視線垂直時，輻射才能被觀測者看到，然後光會沿著振動方向偏振。所以散射就是一個產生偏振的方法。

33-3 雙折射

另一種有趣的偏振效應是，對於某些物質來說，沿某一方向偏振的光與沿另一方向偏振的光有不同的折射率。假設有一些物質是由長形而非圓形的分子所組成的，並且長度比寬度大，同時又假設，這些分子的長軸相互平行。那麼當振動的電場經過這個物質時會發生什麼情況？如果，由於分子的結構，使得物質中的電子對於平行分子軸方向的振動更容易反應，而對電場從垂直於分子軸方向的推動反應較小。對於沿某一方向的偏振的反應，會不同於沿與那方向垂直的偏振的反應。

我們稱這個分子軸的方向是**光軸**（optic axis）。當偏振是在光軸的方向上，此情況的折射率會與當偏振方向與光軸方向垂直時的折射率不同。我們說這種物質具有**雙折射**（birefringence）的性質。它具有兩種折射性，也就是說有兩個折射率，全依光在物質中的偏振

方向而定。什麼樣的物質能夠雙折射？在雙折射的物質中，因為某種原因，定然有一些不對稱分子的長軸平行的排列起來。立方晶體因為有立方對稱，所以不能雙折射。但是長針狀的晶體則毫無疑問的包含了不對稱的分子，所以很容易就可以觀測到雙折射的效應。

　　讓我們來看看，如果把偏振光照穿過一片雙折射物體時，會產生什麼樣的結果。假如偏振是與光軸平行的話，光會以某個速度穿過；如果偏振垂直於光軸，光則會以不同的速度通過。接著來看一個十分有趣的情況，就是光的偏軸方向與光軸的夾角是 45°。我們已經注意到，就像圖 33-2(a) 所顯示的一樣，這個 45° 的偏振，可以用同振幅且同相位的 x 偏振與 y 偏振的疊加來代表。因為 x 偏振與 y 偏振以不同的速度行進，當光通過物質時，它們的相位有不同的變化率。所以，雖然開始時 x 振動與 y 振動的相位相同，但是在物質內部，x 振動與 y 振動的相位差與光進入物質的深度成正比。光繼續前進通過物質時，偏振的變化就像圖 33-2 中的一連串圖形所示範的一樣。如果這片物質的厚度剛好可以在 x 偏振與 y 偏振之間造成 90° 的相移，就像圖 33-2(c)，光將會以圓偏振的方式出來。這種厚度稱為四分波片（quarter-wave plate），因為它在 x 偏振與 y 偏振之間，引進四分之一週期的相位差。如果讓線偏振光通過兩個四分波片，光出來時又會變成平面偏振，不過這次的偏振方向與原來方向成直角，我們可以從圖 33-2(e) 中看出來。

　　我們用一張玻璃紙（也就是賽珞凡），很容易就可以示範這個現象。玻璃紙是由長纖維狀分子所構成的，而且不是各向同性的，因為這些纖維偏好排列成某個方向。為了示範雙折射，我們需要一束線偏振光，只要讓非偏振光通過起偏器就很容易可以得到。至於起偏器，我們將會在後面詳細討論，它有一個很有用的性質，就是可以讓平行於起偏器軸的線偏振光在甚少被吸收的情況下通過，但

是偏振方向與起偏器垂直的光則會被大量吸收。當我們把非偏振光送過一片起偏器時，只有振動方向與起偏器軸平行的那部分光束才能夠通過，所以穿透出來的光束是線偏振光。

　　起偏器的這種性質也可以用來偵測線偏振光束的偏振方向，或用來測定光束是否屬於線偏振光。我們只要讓光束通過一片起偏器，然後在與光束垂直的平面上旋轉起偏器，即可以達到目的。假如光束屬於線偏振光，當起偏器的軸與偏振方向垂直時，偏振光就沒有辦法透射過去。然而，如果此時把起偏器的軸旋轉了90°，那麼透射的光束的強度只會稍微減弱而已。可是如果透射光的強度完全不受起偏器方向影響的話，那麼這個光束就不是線偏振光。

　　為了示範玻璃紙的雙折射性質，我們應用兩片起偏器，就像圖33-3所示。第一片起偏器可以供應線偏振光束，然後我們讓光束通過玻璃紙，隨後再通過第二片起偏器，第二片起偏器可以偵測到玻璃紙對通過的偏振光所造成的任何效應。假如我們首先讓這兩片起偏的軸互相垂直，同時也把玻璃紙抽掉，此時沒有光會透射過第二片起偏器。如果這時我們又把玻璃紙放回到兩片起偏器之間，並

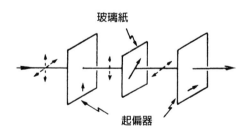

<u>圖 33-3</u>　玻璃紙雙折射的實驗展示。光電場向量以虛線代表。起偏器通
　　　　　過的軸與玻璃紙的光軸以箭頭表示。入射光束是非偏振光。

且把玻璃紙繞著光束軸旋轉，我們可以觀察到，一般而言，玻璃紙可能讓一些光通過第二片起偏器。然而，這張玻璃紙有兩個方向，而且彼此垂直，不讓任何光通過第二片起偏器。這兩個方向讓通過第一偏振片的線偏振光通過玻璃紙，而且它的偏振方向沒有受到任何影響，這兩個方向必然平行或垂直於玻璃紙的光軸方向。

　　我們假設，光在這兩個不同的方向上，以不同的速度通過玻璃紙，而且在透射過程中，偏振方向沒有改變。當這張玻璃紙在這兩個方向之間轉了一半，如圖 33-3 所示，我們可以看到透射過第二片起偏器的光很亮。

　　因為一般商業包裝所用的玻璃紙的厚度，湊巧的非常接近於白色光中大部分顏色光的半波（half-wave）長。假如入射線偏振光束與玻璃紙的光軸成 45° 角時，這樣的一張玻璃紙會讓線偏振光的軸轉了 90°。所以從玻璃紙出來的光束的振動方向恰好能讓它穿過第二片起偏器。

　　如果在示範中我們所用的是白光，玻璃紙厚度剛好又是白色光中的某個特別成分光的半波長，那麼透射過的光束將會帶有那個特殊光的顏色。透射光的顏色取決於玻璃紙的厚度，因此我們可以經由傾斜玻璃紙，讓光以一個角度通過玻璃紙、而以較長的路徑經過玻璃紙，以改變這個玻璃紙的有效厚度。當玻璃紙傾斜時，透射光的顏色也跟著改變。利用玻璃紙的不同厚度，我們可以製作成各種濾光片，讓不同的顏色通過。這些濾光片具有非常有趣的特性，當兩片起偏器的軸互相垂直時，它們會透射出某一種顏色，但是當兩片起偏器的軸互相平行時，則透射出其互補色（complementary color）。

　　另外一個關於分子光軸的排列的有趣應用，相當具有實用價值。某些塑膠品是由既長又複雜的分子所組成，而且這些分子全部

絞在一起。如果我們很小心的固化塑膠，所有分子會全部扭曲成一團，所以分子光軸有各式各樣的排列方向，因此這種塑膠就不特別具有雙折射性質。當物質固化時，通常引起內部的應變與應力，因而所產生的物質不可能十分均勻。然而，假如我們對一塊這種塑膠物質施以張力，就好像我們要把糾纏成一團的繩子拉開一樣，此時大多數的繩子會與張力平行。所以當我們施加應力到某種塑膠物質上時，可以把它們轉變成為具有雙折射的性質，如果讓偏振光經過這塊塑膠，我們可以看到雙折射效應。假如我們檢查經過一片起偏器的透射光，可以觀測到明暗條紋的圖樣（如果用的是白光的話，條紋就帶有顏色）。圖樣會隨著應力施加在樣品時而移動，從這些條紋的數目，以及大多數條紋座落的位置，我們可以決定應力的大小。工程師利用這個現象來找出不規則形狀東西之應力，這種情況下的應力很難計算。

　　另外一個有意思的例子，是藉用液態物質來產生雙折射。如果一種液體是由不對稱的長分子所構成的，在靠近分子的兩端各帶有正、負平均電荷，因此這個分子成了一種電偶極（electric dipole）。液體中的碰撞，使得分子通常沒有固定的方向，許多分子指向一個方向，也有許多分子指向另外一個方向。假如我們應用一個電場讓這些分子排起來，就在它們排起來的那一刻，這個液體就變成具有雙折射性。用兩片起偏器與一個盛著這個極性溶液的透明容器，我們可以設計一種安排，讓光只有在施加電場時才能夠透射。如此我們就得到了一個光的電開關，稱為**克爾盒**（Kerr cell）。這個效應，即電場可以讓某些液體產生雙折射性，則稱為克爾效應（Kerr effect）。

33-4 起偏器

到此我們已經討論過許多物質，讓不同方向的偏振光有不同的折射率。對一些晶體和其他的物質來說，不只是折射率，它們的吸收係數（coefficient of absorption）也會隨偏振光方向而改變，這是很有應用價值的事。應用和雙折射觀念同樣的論點，我們也可以理解，在異向性物質中，電荷受迫朝某個方向振動，吸收就隨著這個方向而變。電氣石（tourmaline）是歷史悠久又著名的例子，寶麗來起偏器則是另外一個例子。寶麗來的起偏器是由薄薄一層碘硫酸奎寧（herapathite，碘與奎寧的鹽）的微小晶體所組成的，所有晶體的軸都平行排列。當電場的振盪朝某方向時，這些晶體會吸收光，而當振盪朝另一個方向時，晶體卻吸收很少的光。

假設我們讓光通過一片起偏器，電場線偏振的方向將與通過的方向成 θ 角。那麼出來的光強度是多少？入射光可以分解成兩個分量，一個分量垂直於通過方向，與 $\sin \theta$ 成正比；另一個分量平行於通過方向，與 $\cos \theta$ 成正比。從起偏器出來的振幅只是餘弦 $\cos \theta$ 的部分；$\sin \theta$ 的部分則被吸收掉了。穿過起偏器的振幅小於進入的振幅，前者等於後者乘以 $\cos \theta$。穿過起偏器的能量，也就是光的強度，與 $\cos \theta$ 平方成正比。那麼，當光進入後，若偏振方向與通過方向成 θ 角，$\cos^2 \theta$ 就是穿透的強度。吸收的強度當然就是 $\sin^2 \theta$。

下面所要述說的有趣情況，表面上似乎自相矛盾。我們知道，讓一光束同時穿過兩個軸互相垂直的起偏器，是不可能的事。但是如果我們在這兩片起偏器**之間**放進第三片起偏器，並且讓這個加進來的起偏器，軸與原來交叉的兩軸成 45°，則有些光就可以透過

去。我們也知道，起偏器可以吸收光，而不會產生任何光。雖然如此，加進第三片起偏器，並讓它成 45° 角，卻可以允許較多的光通過。對於這個現象的分析，留給同學當作業。

最有趣的一個偏振例子，不是發生在複雜的晶體，或其他難以得到的物質上，而是在一個最簡單且最熟悉的情況，也就是從一個表面所反射的光。信不信，當光從玻璃表面上被反射回來時，它可能會產生偏振，而且這個現象的物理解釋很簡單。這是布魯斯特（David Brewster, 1781-1868，英國物理學家）根據實驗所發現的，假如光射向一個表面，反射光束與進入物質的折射光束形成直角，那麼從表面反射回來的光全部都會偏振。

這個情況可以用圖 33-4 來解釋。如果入射光束的偏振方向在入射面上，那麼完全不會反射。只有在入射光束的偏振方向垂直於入射面時，才會反射。這個理由很容易理解。在反射物質中，光是

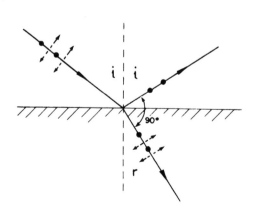

圖 33-4　以布魯斯特角射向表面的線偏振光的反射情形。偏振方向用點虛線箭頭代表；圓點代表偏振方向垂直於紙面。

橫向偏振，而且我們知道，是物質中的電荷運動產生出射光束，也就是反射光束。反射光束的來源並不只是入射光的反射而已；更深入的瞭解這個現象以後，我們知道入射光束會驅動物質中的電荷運動，結果產生出反射光束。從圖33-4中我們可以清楚的看到，只有會垂直於紙面的電荷振動能夠在反射的方向放出輻射，因此反射光束的偏振方向會垂直於入射面。假如入射光束的偏振方向在入射面上，那麼將不會有反射光。

這個現象可以用一片平坦的玻璃來反射線偏振光束來說明。假如我們轉動玻璃，使偏振光有不同的入射角時，當入射光束成布魯斯特角（Brewster's angle）時，可以觀測到反射強度急劇轉弱。這個強度的減弱只有在偏振面與入射面重疊時才能夠觀測到。如果偏振面垂直於入射面時，所有的角度中都可以觀測到一般反射光的強度。

33-5 旋光性

偏振的另外一個非常有意思的效應，可以在一些物質中觀測到，這些物質的組成分子沒有反射對稱性，即沒有鏡像對稱：這種分子的形狀類似螺旋拔塞器，或像帶著手套的手，或是從鏡子中看起來相反的任何形狀，就好像左手手套被鏡子反射成右手手套一樣。假設所有在這物質中的分子都一樣，也就是沒有一個分子是另外一個的鏡像。這樣的物質可能呈現出一種有趣的效應，稱為旋光性（optical activity），也就是當線偏振光通過這種物質時，偏振方向會繞光束軸而改變。

為了瞭解旋光性的現象，我們需要借助一些計算，但是我們也可以定性的瞭解這個效應是怎麼來的，而不需要透過實際的計算。我們可以把非對稱分子的形狀假想成螺旋形，好像圖33-5所表示

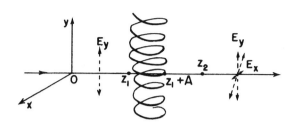

<u>圖 33-5</u>　圖中的螺旋形分子為鏡像反射不對稱的分子。有一束偏振方向
　　　　　為 y 方向的線偏振光照在分子上。

的一樣。分子的形狀實際上並不需要像螺旋拔塞器，才能表現出旋
光性，但這是一個簡單的形狀，我們可以用來做為不具有反射對稱
的典型例子。

　　當沿 y 方向線偏振的光束照在這個分子上，電場會驅動電荷順
著螺旋上下運動，因此在 y 方向產生一個電流，並且輻射出在 y 方
向偏振的電場 E_y。然而，假如電子受限在螺旋上運動，當它們受
到驅動而上下運動時，必然也會在 x 方向上運動。當一個電流沿螺
旋向上流動，在 $z = z_1$ 時，電流向紙面流進去，而在 $z = z_1 + A$ 流
出來，假設 A 是分子螺旋的直徑。我們或許會認為，在 x 方向的電
流不會產生淨輻射，因為電流在螺旋的另一邊上正好為反方向。可
是，假如我們考慮電場到達 $z = z_2$ 的 x 分量，我們可以看到電流在
$z = z_1 + A$ 所輻射出的電場，以及從 $z = z_1$ 所輻射的電場，到達 z_2
時，相隔了 A/c 的時間，因此相位相差了 $\pi + \omega A/c$。因為相位差
沒有剛好等於 π，這兩個電場不能完全彼此抵消，如此一來，由分
子中電子運動所產生的電場中留下一小部分的 x 分量，而原來的驅
動電場只有 y 分量。這個小 x 分量加上大 y 分量，產生的合成電場

對 y 軸（原來的偏振方向）來說，稍稍傾斜了一些。當光行進穿過
這個物質時，偏振方向繞光束軸轉了方向。我們可以再畫幾個例
子，並考慮到由入射電場所引發的電流，我們可以確信旋光性的存
在，而且旋轉的正負號，都不受分子的方向所影響。

玉米糖漿是具有旋光性的普通物質。而且這個現象很容易示
範，先用一片起偏器產生線偏振光束，用一個透射盒來盛糖漿，然
後用第二片起偏器在光通過玉米糖漿後偵測偏振方向的轉動。

33-6 反射光強度

現在我們要定量的考慮反射係數如何隨角度而改變。圖 33-6(a)
顯示一光束照到玻璃表面上，部分反射，部分折射進玻璃。假設這
個入射光束的振幅大小等於 1 ，線偏振的方向垂直於紙面。假設反

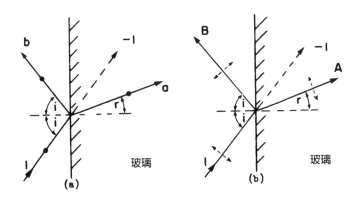

圖 33-6　振幅等於 1 的入射波在玻璃表面反射與折射。在 (a) 中，入射
波的線偏振垂直於紙面。在 (b) 中，入射波的線偏振沿著虛線
箭頭方向。

射波的振幅是 b ，而折射波的振幅是 a 。折射波與反射波全都是線偏振光，而且入射波、反射波、及折射波的電場向量，全都互相平行。圖 33-6(b) 表示相同的情況，只是現在我們假設振幅等於 1 的入射波在紙面上偏振。假設在這種情況下的反射波與折射波的振幅分別是 B 與 A 。

我們希望能夠計算出圖 33-6(a) 與圖 33-6(b) 兩個情況中的反射強度。我們已經知道當反射光束與折射光束互相成直角時，圖 33-6(b) 就不會有反射波，但是讓我們看看能否得到一個定量的答案，也就是找到正確的公式讓 B 與 b 成為入射角 i 的函數。

我們必須要理解的原理如下所述。玻璃中所生成的電流可以產生兩個波，首先是折射波；其次，我們知道假如玻璃中沒有產生電流的話，那麼入射波將會繼續直接進入玻璃。記住，世界上所有的源，都會匯集成為淨場。入射光源產生振幅為 1 的電場，會沿著圖中的虛線移動進入玻璃。這個電場是觀測不到的，因此玻璃中所產生的電流必定要產生振幅等於 −1 的電場，也沿著虛線移動。利用這個事實，我們可以來計算折射波的振幅 a 與 A 。

圖 33-6(a) 中，我們看到玻璃中電荷運動輻射出振幅為 b 的電場，而電荷是受了玻璃中的電場 a 的影響，因此 b 與 a 成正比。由於除了偏振方向不同之外，兩個圖形完全一樣，因此我們可能會假設 B/A 比率與 b/a 相同。但是這不完全正確，因為在圖 33-6(b) 中所有偏振方向並沒有如圖 33-6(a) 中一樣，全部互相平行。只有垂直於 B 的 A 的分量，也就是 $A \cos(i + r)$ 才能有效的產生 B 。正確的比率式子應該是

$$\frac{b}{a} = \frac{B}{A \cos(i + r)} \tag{33.1}$$

現在我們應用一點技巧。我們知道圖 33-6(a) 與 (b) 中，玻璃內的電場必定會造成電荷振動，而這些振動又會產生一個振幅等於 −1、偏振平行於入射光束的電場，而這個偏振光束是沿虛線的方向前進。但是我們從圖 33-6(b) 來看，只有垂直於虛線的 A 的分量才具產生這個電場的偏振，請注意在圖 33-6(a) 中振幅 a 的全部都可以有效的產生這個電場，因為 a 波的偏振平行於振幅為 −1 的波之偏振。因此我們知道

$$\frac{A \cos{(i - r)}}{a} = \frac{-1}{-1} \tag{33.2}$$

原因是(33.2)式左邊的兩個振幅，都產生振幅為 −1 的波。

把(33.1)式除以(33.2)式，我們得到

$$\frac{B}{b} = \frac{\cos{(i + r)}}{\cos{(i - r)}} \tag{33.3}$$

這結果可以和我們前面所講過的相互對照。假如我們設 $(i + r) = 90°$，從 (33.3) 式可以得到 $B = 0$，正如布魯斯特所說的一樣，所以我們的結果到目前為止起碼沒有什麼明顯的錯誤。

我們曾經假設入射波的振幅等於 1，所以 $|B|^2/1^2$ 是偏振位於入射面上的波的反射係數，而 $|b|^2/1^2$ 則是偏振與入射面垂直的波的反射係數。這兩個反射係數的比值由(33.3)式來決定。

現在我們來表演一個奇蹟，不只是計算比值，而且是單獨計算出每一個係數 $|B|^2$ 與 $|b|^2$！從能量守恆我們知道，折射波的能量必須等於入射能量減去反射波的能量，在上述兩種情況中，一個情況的能量是 $1 - |B|^2$，另外一個情況是 $1 - |b|^2$。再者，圖 33-6(b) 中進入玻璃的能量比上圖 33-6(a) 進入玻璃中的能量，等於折射振

幅平方的比，也就是 $|A|^2/|a|^2$。有人可能會問，我們是不是眞的知道怎樣計算玻璃內的能量，因爲畢竟它們是原子運動的能量加上電場的能量。然而很明顯的一點是，所有的各種貢獻加在一起的總能量與電場振幅平方成正比。因此我們可以這麼寫

$$\frac{1 - |B|^2}{1 - |b|^2} = \frac{|A|^2}{|a|^2} \tag{33.4}$$

現在我們代入(33.2)式，把上式中的 A/a 消除，並利用(33.3)式，用 b 表示 B：

$$\frac{1 - |b|^2 \dfrac{\cos^2(i+r)}{\cos^2(i-r)}}{1 - |b|^2} = \frac{1}{\cos^2(i-r)} \tag{33.5}$$

方程式中只含有一個未知數，即振幅 b。求 $|b|^2$ 的解，我們得到

$$|b|^2 = \frac{\sin^2(i-r)}{\sin^2(i+r)} \tag{33.6}$$

同時，借助於(33.3)式，得到

$$|B|^2 = \frac{\tan^2(i-r)}{\tan^2(i+r)} \tag{33.7}$$

因此我們找到偏振垂直於入射面上的入射波的反射係數 $|b|^2$，以及在入射面上偏振的入射波的反射係數 $|B|^2$！

這種性質的論證可以一直繼續下去，以推論出 b 是一個實數。要證明這一點，我們必須考慮一個情形，那就是光從玻璃的兩面同時進入，這個情況在實驗上不容易安排，但是用理論分析起來，卻

是一個有趣的例子。我們只要分析一般情況，就能夠證明 b 必定是一個實數，因此事實上 $b = \pm \sin(i-r)/\sin(i+r)$。如果考慮非常、非常薄的一層玻璃，兩面都會反射，並且計算有多少光反射出去，我們甚至可以藉此來決定 b 的正負號。我們知道一薄層應該反射多少光，因爲我們知道它可以產生多少電流，而且我們甚至可以從這些電流計算出電場。

我們可以從這些論證證明出

$$b = -\frac{\sin(i-r)}{\sin(i+r)}, \qquad B = -\frac{\tan(i-r)}{\tan(i+r)} \qquad (33.8)$$

這些式子表示，反射係數是入射角與折射角的函數，稱爲菲涅耳反射公式（Fresnel's reflection formula）。

假如我們考慮角度 i，以及 r 趨近於零的極限，我們發現，在正向入射的情況，對兩種偏振來說都是 $B^2 \approx b^2 \approx (i-r)^2/(i+r)^2$，因爲這時候正弦實際上等於角度，正切也是如此。但是我們知道 $\sin i/\sin r = n$，而且當角度很小的時候，$i/r = n$。因此，我們很容易可以表示出正向入射光的反射係數是

$$B^2 = b^2 = \frac{(n-1)^2}{(n+1)^2}$$

舉例來說，我們想知道在正向入射的情形下，有多少光從水面反射出去。對水來說，n 等於 4/3，所以反射係數等於 $(1/7)^2 \approx$ 2%。所以在正向入射的情況下，只有百分之二的光從水面反射出去。

33-7　異常折射

　　我們所要討論的最後一個偏振效應，實際上是最先被發現的一種效應：異常折射（anomalous refraction）。從前，航行到冰島的水手把冰島石（$CaCO_3$）帶回歐洲去，這些晶體具有非常有趣的性質，能夠讓任何東西從晶體看過去都像是多了一個，也就是有兩個同樣的像。惠更斯注意到了這個現象，並且在他發現偏振時，扮演了重要角色。一般最先發現的現象，往往也是最難解釋的現象。只有在我們徹底瞭解了一個物理觀念之後，我們才能夠小心的選擇一些最清楚而且容易示範其觀念的現象。

　　異常折射是我們先前討論過的雙折射現象的一個特例。異常折射是發生在當光軸，也就是不對稱分子中的長軸，**不**平行於晶體表面的時候。圖 33-7 中所畫的是兩個雙折射物體，同時也畫出了它們的光軸。在上圖中，照射在物質上的入射光束的偏振方向是垂直於物體光軸的方向。當這個光束照到物體的表面時，表面上的每一點都表現得像一個波源，它們以速度 $v_\perp$ 進入晶體（$v_\perp$ 是當偏振方向垂直於光軸時，光在晶體中的速度）。波前是所有小圓球波的包絡面，而且這個波前直線穿過整個晶體，從另外一邊出來。這正是我們一般所期待的行為，所以這種光稱為**尋常光線**（ordinary ray）。

　　圖 33-7 的下圖中，照射在晶體上的線偏振光，偏振方向轉了90°，因此光軸位於偏振面上。現在我們考慮來自晶體面上任何一點的小波，我們可以看到，它們沒有像圓球波一樣的展開。沿著光軸前進的光以速度 $v_\perp$ 行進，因為它的偏振方向垂直於光軸；然而，垂直於光軸前進的光則以速度 $v_\parallel$ 行進，因為這時偏振方向平行於光軸。在雙折射物質中，$v_\parallel \neq v_\perp$，而且圖中的 $v_\parallel < v_\perp$。更完整的

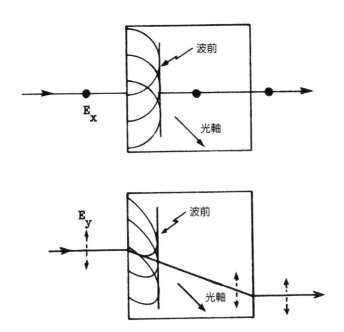

圖 33-7 上：示範尋常光線通過雙折射結晶體的路徑。下：示範非常光
線通過雙折射結晶體的路徑。光軸位於紙面上。

分析將會顯示，波在表面上以橢球面展開，並且以光軸當作橢球的
長軸。所有這些橢球形波的包絡面就是波前，以圖中所顯示的方向
前進，穿過晶體。再者，當光從晶體後方出來，光束會像它在前面
一樣的再次偏折，所以光會從與入射光束平行的方向出來，只是位
置移動而已。很明顯的，這個光束不遵守司乃耳定律，而是以不尋
常的方向行進，因此，這種光稱為**非常光線**（extraordinary ray）。

　　當非偏振光束照到異常折射的晶體上時，會分成兩種光線，一
種是尋常光線，以正常的方式直線通過；而另外一種是非常光線，
在通過晶體時光線的位置會偏離。這兩個出射光線是偏振方向互相
垂直的線偏振光。這個狀況可以用一片起偏器來示範，只要分析出

射光線的偏振方向就知道。我們也可以讓線偏振光通過晶體，來證明我們對這個現象的解釋是正確的。正確調整入射光束的偏振方向，我們可以使這個光直線通過而不會分叉，或是可以讓光沒有分叉的通過，但使它產生位移。

　　圖 33-1 和 33-2 中，我們已經舉出了各種偏振的例子，這些不同的偏振是由兩個特殊偏振疊加起來的，也就是 x 與 y 偏振以各種相位及各種振幅的疊加。我們也可以用上其他各對偏振的搭配：例如偏振方向可以是沿著兩個垂直軸 x' 軸與 y' 軸，而 x'、y' 與 x、y 相比傾斜了一個角度（例如，任何偏振可以由圖 33-2 的 (a) 與 (e) 疊加而成）。然而，有意思的是，這個概念也可以推廣到其他的情況中。例如，任何**線**偏振都可以由右旋與左旋**圓**偏振以適合相位及適合大小疊加組成（圓偏振見圖 33-2(c) 與 (g)），因為兩個相等的向量以相反方向旋轉，加在一起即得到在直線上振盪的單一向量（見圖 33-8）。

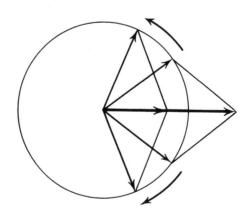

圖 33-8　兩個反向旋轉的等振幅向量相加，產生一個方向固定的向量，但只有一個振幅。

假如其中一個的相位相對於另一個有了偏移，則這條線是傾斜的。所以在圖 33-1 中所有的圖形都可以標示成「等大小的右旋與左旋圓偏振以各種相對相位疊加」。當左旋圓偏振的相位落後右旋圓偏振，那麼線偏振的方向就跟著改變。所以具旋光性的物質，在某種意義上，也是雙折射物質。它們的性質可以形容成是，它們的右旋與左旋圓偏振光具有不同的折射率。不同強度的右旋圓偏振光與左旋圓偏振光疊加，則可以產生橢圓偏振光。

圓偏振光還有另外一個頗具趣味的性質，那就是它帶有**角動量**（以傳播行進方向為軸）。為了示範這個性質，我們假設有這樣一個光照在一個原子上，這個原子以諧振盪器來代表，而這振盪器可以在 xy 平面上沿任何方向位移。那麼電子的 x 位移會對電場的 x 分量 E_x 有所回應；而 y 位移當然同樣對電場的 y 分量 E_y 有回應，但是相位落後 90°。也就是說，電子受光的轉動電場的影響，而以角速度 ω 在圓周上運行（見圖 33-9）。

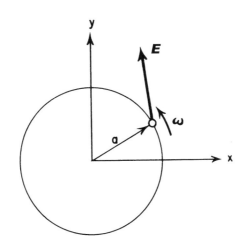

圖 33-9 對圓偏振光反應的電荷，在一個圓上運動。

　　電子的位移 **a** 的方向，與振盪器回應的阻尼特性有關，和作用於電子上的力 $q_e\mathbf{E}$ 的方向不一定要相同，但是它們必須同時繞圈子轉動。電場 **E** 可能在與 **a** 成直角的方向有一個分量，所以對這個系統做了功，並且施加了一個力矩 τ。因此每秒所做的功等於 $\tau\omega$。在一個週期的時間 T 之內，被吸收的能量是 $\tau\omega T$，而 τT 是傳送給吸收能量的物質的角動量。所以我們得知，**含有總能量ε的一束右旋圓偏振光，帶有角動量ε/ω （向量方向與傳播行進方向一樣）。**光束被吸收之後，角動量就傳到吸收物質之上。左旋圓偏振光則攜帶正負號相反的角動量$-\varepsilon/\omega$。

第34章

輻射的相對論效應

34-1　運動源

　　這一章中我們將要討論一些和輻射有關的各式各樣效應,這樣我們就可以結束光傳播的古典理論。在我們對光的分析中,曾經相當深入的討論到許多細節。與電磁輻射有關的現象中,唯一尚有實際後果但我們還未討論的是,假如把無線電波限制在一個有反射壁的盒子之中,這個盒子的大小大約是一個波長,或是把無線電波順著一根長管傳輸出去,在此情況下會發生什麼事?這些現象是所謂的**空腔共振器**(cavity resonator)與**導波**(waveguide),我們以後再來討論;屆時我們會先利用另外一個物理現象爲例子,即聲音,然後再回頭來討論這個主題。除了這些以外,現在這一章將是我們對光的古典理論的最後討論。

　　我們可以把現在所要討論的所有效應做個摘要說明,就是這些效應都是因**場源在移動**而產生的效應。我們不再假設源場源是局限在空間中某處,也不假設場源的運動是在某一固定點附近、以相當低的速率移動。

　　我們記得,電動力學的基本定律是說,離一個運動電荷非常遠時,電場公式是由下式來表示

$$\mathbf{E} = -\frac{q}{4\pi\epsilon_0 c^2}\frac{d^2\mathbf{e}_{R'}}{dt^2} \tag{34.1}$$

單位向量 $\mathbf{e}_{R'}$ 的二階導數是決定電場的關鍵因素(單位向量的方向是朝向電荷的表觀方向)。如果訊息以有限速度 c 從電荷行進到觀測者,這個單位向量當然就不是指向電荷的**現在**位置,而是朝著電荷似乎應該在那裡的方向。

至於伴隨著電場的磁場，它永遠與電場成直角，而且與場源的表觀方向也成直角，它的公式是

$$\mathbf{B} = -\mathbf{e}_{R'} \times \mathbf{E}/c \tag{34.2}$$

到現在為止，我們所考慮到的運動的速度都是非相對論性的，即低速的運動情況，而沒有考慮到在場源方向上是否有可察覺的變動。現在我們將考慮較為一般的狀況，研究一些以任意速度運動的例子，看看在這些情況中會有什麼不同的效應。我們讓運動在任意速度下進行，但是，當然我們還是需要假設，偵測器仍然是在離場源很遠的地方。

從第 28 章的討論中，我們瞭解到就 $d^2\mathbf{e}_{R'}/dt^2$ 而言，唯一重要的是 $\mathbf{e}_{R'}$ 的**方向**的變化。假設電荷的座標是 (x, y, z)，其中的 z 是沿著觀測的方向（見圖 34-1）。在某一時刻，比方說在 τ 時刻，位置的三個分量是 $x(\tau)$、$y(\tau)$、以及 $z(\tau)$。距離 R 幾乎是等於 $R(\tau) = R_0 + z(\tau)$。現在向量 $\mathbf{e}_{R'}$ 的方向主要是隨著 x 與 y 而改變，但是幾乎不受 z 的影響：單位向量的橫向分量分別是 x/R 和 y/R，當我們對這些分量微分時，我們在分母中得到 R^2 之類的東西：

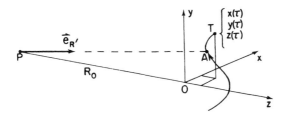

圖 34-1 一個運動電荷的路徑。在時間 τ，位置為 T，但是推遲位置卻在 A。

$$\frac{d(x/R)}{dt} = \frac{dx/dt}{R} - \frac{dz}{dt}\frac{x}{R^2}$$

　　所以，當我們離得夠遠時，只有幾個項值得考慮，也就是隨著 x 與 y 改變的項。因此我們可以把因數 R_0 移出來而得到

$$E_x = -\frac{q}{4\pi\epsilon_0 c^2 R_0}\frac{d^2 x'}{dt^2}$$
$$E_y = -\frac{q}{4\pi\epsilon_0 c^2 R_0}\frac{d^2 y'}{dt^2}$$

(34.3)

此處 R_0 是到電荷 q 的（大約）距離；我們讓它等於到 xyz 座標原點的距離 OP。因此電場等於一個定值乘以 x 座標與 y 座標的二階導數。（我們可以把它說得更數學一點，稱 x 與 y 是電荷位置向量 **r** 的位置**橫向**分量，但是這樣並不會讓我們更清楚。）

　　當然，我們瞭解，座標必須在推遲時間測量。在此我們發現 $z(\tau)$**確實**會影響延遲。什麼時間才是推遲時間？假如觀測的時間是 t（P 的時間），它所對應的時間 τ 就是電荷在 A 處的時間，這個時間不是 t，而是多了光必須行進的整個距離除以光速所延遲的時間。這個延遲的初階近似值是 R_0/c，一個定值（一個不甚有趣的東西），但是在下一階的近似，我們必須把電荷在時間 τ、在 z 方向上位置的影響包括在內，因為假如 q 離得稍微更遠一點，推遲又會增加一些。這是我們以前所忽略的效應，而且也是我們唯一所需要改正的，以便讓結果可以適用到所有的速度。

　　現在我們必須要選定一個 t 值，而且從它算出 τ 的值，如此就可以找出在時間 τ 的 x 與 y 位置。這些值就是推遲的 x 與 y，我們稱它們是 x' 與 y'，它們的二次微分可以決定電場。因此 τ 可由下面的式子來決定：

$$t = \tau + \frac{R_0}{c} + \frac{z(\tau)}{c}$$

以及

$$x'(t) = x(\tau), \qquad y'(t) = y(\tau) \tag{34.4}$$

這些是複雜的方程式，但是還算簡單到可以用幾何圖形來說明它們的解。這個圖形將會給我們提供許多定性的想法，以瞭解它們的運作，但是仍然需要許多詳細的數學，來演算出複雜問題的準確結果。

34-2 找出「表觀」運動

對於上面的方程式有一個有趣的簡化方法。假如我們能夠忽略掉那個無趣的固定延遲 R_0/c 的話，也就是說我們移動 t 軸的原點，即讓 t 加上一個固定值，那麼就得到

$$ct = c\tau + z(\tau), \qquad x' = x(\tau), \qquad y' = y(\tau) \tag{34.5}$$

現在我們需要找出 x' 與 y' 會如何隨 t（而不是會如何隨 τ）而變。我們可以用下面的方法來處理：(34.5)式的意思是我們應該在電荷真正的運動之外加上一個常數（光速）乘以 τ，其結果之意義可以從圖34-2看出來。我們拿一個電荷的實際運動（左圖所示），並且假想在它運行時，當左圖的點在繞圈時，這些點會以速度 c 從 P 點被掃出去（這麼做不用考慮來自狹義相對論的長度收縮效應，及諸如此類的效應，因為這只是加上 $c\tau$ 的數學加法）。在這種情形之下，我們得到一個新的運動，它的視線座標軸是 ct，就像右圖所示。（這個圖形顯示了一個在平面上相當複雜的運動，當然這個運動不一定要在一平面上，它也可以是比平面運動更複雜的運動。）

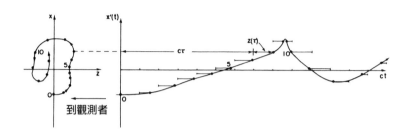

圖 34-2　從(34.5)式找出 $x'(t)$ 的幾何解法。

這個意思是說，水平（也就是視線）距離現在已經不再是舊的 z，而是 $z + c\tau$，也就是 ct。因此我們找到了一個曲線的圖形，即 x'（或是 y'）相對於 t 的圖形！

　　如果想要找出電場，我們只要從這個曲線上找出加速度，也就是把它微分兩次。因此最後的答案是：要找到運動電荷的電場，只要畫出電荷的運動，以速度 c 把它「展開來」，如此畫出來的曲線就是 x' 與 y' 隨時間 t 而變的位置函數曲線。由這個曲線的加速度就可以求得表示成 t 的函數的電場。或者，假如我們願意，我們可以假想這整個「固定」的曲線是以速率 c 經過視平面，因此它與視平面的交點的座標就是 x' 與 y'。從這一點的加速度就能夠得到電場的值。這個解剛好就是我們開始時的公式，它純粹只是幾何表示法。

　　假如電荷的運動相當慢，例如假設我們有一個振盪器，十分緩慢的上下運動，然後我們如前所述以光速來「展開」這個運動，那麼我們當然就得到一個簡單的餘弦曲線，並由此得到一個我們曾經尋找了許久的公式，那就是由一個振盪電荷所產生的電場。

　　另一個更有趣的例子是，在圓周上快速運動的一個電子，速率幾乎接近於光速。如果我們注視這個圓面，推遲的 $x'(t)$ 的情形看起

來就像圖34-3所表示的。這是一個什麼曲線？假設我們想像一個從圓心到電荷的徑向量，同時如果我們把這個徑向線延伸超過電荷一點點，假如它的速度很快的話，就好像只是讓圓上的點多了些陰影，那麼當我們以光速來展開這個圓，我們就得到線上的一個點，當我們以光速將運動平移回來，就好像是帶著一個電荷的輪子以速度 c 向後面滾動（不會滑動）；如此我們找到一個非常接近於圓滾線的曲線——我們稱為**短幅旋輪線**。如果電荷的速率幾乎等於光速，圖上的「尖點」（cusp）就會非常尖；假若電荷的速度剛好等於光速，那麼它就是真正的尖點，而且是無限的尖。

「無限的尖」是十分有趣的；意思就是接近一個尖點的二階導數非常大。每經過一次週期，我們就得到銳利的電場脈衝。這是在非相對論運動中完全沒有的現象，在非相對論的情形是，電荷每轉動一週，就產生一個振盪，其「強度」在每個時間都一樣。反之在目前的狀況（也就是相對論的情形）下，每隔時間 T_0（T_0 是電荷繞圓之週期），連續產生非常銳利的電場脈衝。這些強電場在尖錐面之內，向電荷運動的方向發射。當電荷離開 P 時，在 P 的方向，只有一點點曲度，以及非常小的輻射電場。

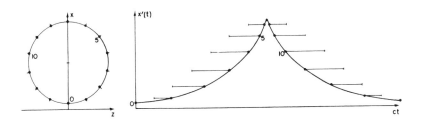

圖34-3 一個粒子以等速 $v = 0.94c$ 做圓周運動的曲線是 $x'(t)$。

34-3 同步輻射

在同步加速器中，電子高速的在圓形路徑上運動，它們以近乎光速 c 的速率前進，而且我們可以把上面的輻射看成真正的**光**！讓我們更詳細的討論一下。

在同步加速器中，電子在均勻的磁場中繞著圓周轉。首先，我們來看看它為什麼會進行圓周運動。從(28.2)式，我們知道磁場對一個粒子施加的力可由下式來表示

$$\mathbf{F} = q\mathbf{v} \times \mathbf{B} \tag{34.6}$$

這個力與磁場以及速度都成直角。就如一般的情況，力等於動量的時間變化率。假若磁場的方向是向上從紙面出來，粒子的動量與施加在上面的力就像圖 34-4 所表示的一樣。因為力與速度成直角，動能與速率維持**不變**。磁場的全部作用僅是改變**運動方向**而已。在

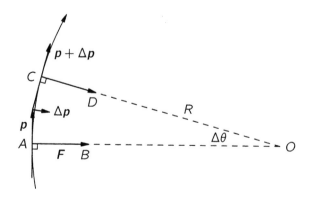

圖 34-4　在均勻磁場中，一個帶電粒子在圓形（或螺旋形）路徑上運動。

短時間 Δt 內,動量向量在與自己垂直的方向上的變化是 $\Delta \mathbf{p} = \mathbf{F}\Delta t$,因爲 $|F| = qvB$,所以 $\mathbf{p}$ 轉了一個角度 $\Delta\theta = \Delta p/p = qvB\,\Delta t/p$。但是在這同一時間內,粒子已經走了一個距離 $\Delta s = v\,\Delta t$。很明顯的,AB 與 CD 這兩條線將在 O 點交會,如此 $OA = OC = R$,此處 $\Delta s = R\,\Delta\theta$。把這個與前面的式子合併在一起,我們得到 $R\,\Delta\theta/\Delta t = R\omega = v = qvBR/p$,從這裡我們得到

$$p = qBR \qquad (34.7)$$

與

$$\omega = qvB/p \qquad (34.8)$$

因爲同樣的論證可以應用在下一瞬間,再下一瞬間……等等,我們可以下結論說,粒子定然是以角速度 ω 繞著半徑爲 R 的**圓周**運動。

這個粒子的動量等於電荷乘以半徑,再乘以磁場,這結果是經常被用到的重要定律。這對於實際應用十分重要,因爲假若我們有一些全都帶有相同電荷的基本粒子,當我們在磁場中觀測它們時,我們可以測量它們軌道的曲率半徑,因爲我們已知道磁場大小,因此可以決定粒子的動量。如果我們把(34.7)式的兩邊各乘以 c,並且以電子所帶電荷爲單位來表示 q,我們就能夠用**電子伏特**(ev)爲單位來測量動量了。應用這些單位,我們的公式變成

$$pc(\text{ev}) = 3 \times 10^8 (q/q_e)BR \qquad (34.9)$$

這裡的 B、R 及光速全部用 mks 制的單位,光速的數值是 3×10^8。

mks 的磁場單位稱做**韋伯每平方公尺**(Weber per square meter)。舊單位稱爲**高斯**(gauss),直到現在還很通用。1 韋伯/平方公尺

（Weber/m^2）等於 10^4 高斯。磁場到底有多大，這裡給大家一個概念，通常可以用鐵製造的最強磁場大約是 1.5×10^4 高斯；超過這個大小，鐵就不具優勢了。今天，我們可以用超導線繞成電磁體，產生出穩定的磁場，強度超過 10^5 高斯，若換算成 mks 制的單位，即 10 韋伯／平方公尺。地球在赤道的磁場只是一高斯的十分之幾而已。

再回到(34.9)式，我們可以假想同步加速器以 10 億電子伏特運轉，所以 pc 應該等於 10^9 電子伏特。（我們等一下再回到能量方面的討論）。那麼，假如我們有一個 B 相當於 10,000 高斯，相當於 1 mks 單位，這是相當強的磁場，那麼我們可以算出來 R 必定是 3.3 公尺。加州理工學院的同步加速器實際半徑是 3.7 公尺，這個磁場稍微大一點，它的能量是 15 億電子伏特，但是它的概念還是一樣的。因此現在我們對同步加速器為何有如此大小有了一些體會。

我們已計算了動量，但我們知道，總能量（包括了靜能）可以用 $W = \sqrt{p^2c^2 + m^2c^4}$ 來表示，而且對一個電子來說，它的靜能（相當於 mc^2）等於 0.511×10^6 電子伏特，所以當 pc 是 10^9 電子伏特時，我們可以忽略 mc^2，所以當速率很大時，相對論效應顯著，對所有實用目的來說，$W = pc$。說一個電子的能量是 10 億電子伏特，跟說動量乘以 c 等於 10 億電子伏特，實質上意義相同。假如 $W = 10^9$ 電子伏特，很容易就可以知道它的速率與光速的差異，只有八百萬分之一！

我們現在轉而討論這類粒子所發射出去的輻射。在半徑 3.3 公尺，或者說周長 20 公尺的圓周上運動的一個粒子，每繞一圈需要的時間大約等於光走 20 公尺的時間。所以這樣一個粒子發射的波長應該是 20 公尺，這個波長是在無線電波的區域內。但是一方面因為我們剛才在圖 34-3 中討論過的堆積效應（piling up effect），而

另一方面由於為了達到光速 c，我們所必須延長半徑的距離僅僅是半徑的八百萬分之一，這些短幅旋輪線的尖點與它們之間的距離相比，就顯得更尖銳。因為加速度涉及對 t 的二次微分，得到兩次相當於 8×10^6 的「壓縮因子」（compression factor），原因是時間尺度在尖點附近縮小了兩次，每次都是縮小為原來的八百萬分一。因此，我們可能預期有效波長應該更短，大約小於 20 公尺的 64 兆之一，這相當於在 x 射線的區域。（事實上，尖點本身不是全部的決定因素；還必須包括尖點周圍的某一些區域。如此縮小因子會是 8×10^6 的 $\frac{3}{2}$ 次方，而不是平方，但仍在可見光區域之上。）所以，即使是一個緩慢運動的電子會輻射出 20 公尺的無線電波，但是相對論性效應卻把波長縮短了這麼多，以致於我們可以**看到**它！顯然這個光必須是**偏振光**，而電場垂直於均勻磁場。

為了再進一步理解我們所會觀測的現象，假設我們把這樣的光（因為這些脈衝在時間上間隔得很遠，為了簡化，因此我們只用一個脈衝）照到繞射光柵上，光柵上面有很多能散射光的金屬線。當這個脈衝離開光柵以後，我們會看到什麼？（假如我們能夠看到光的話，我們會看到紅光、藍光等等。）那麼我們**到底**看到了什麼？脈衝對著光柵照過去，引起光柵中所有的振盪器一起激烈的向上又向下運動，但是只有一次。然後向各個方向產生效應，如圖 34-5 所示。但是 P 點離光柵的一端比另外一端較為近一些，所以從 A 線來的電場首先達到 P 點，然後接著是從 B 來的電場等等，最後到達的是來自最後一條線的脈衝（電場）。

簡而言之，來自所有連續光柵線的反射總和如圖 34-6(a) 所示：它是由一組連續脈衝所組成的電場，同時它也非常像正弦波，波長等於各脈衝之間的距離，就好像是單色光撞擊光柵一樣！所以，我們得到了彩色的光！但是根據同樣的論證，是不是從任何種

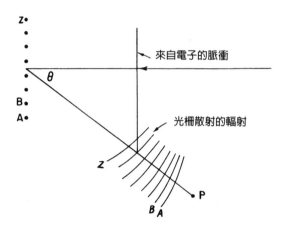

圖 34-5　光以單一尖銳脈衝的形式照向光柵，然後各方向散射，產生不同顏色。

（a）　　　　　　　　　　　（b）

圖 34-6　由一連串 (a) 尖銳脈衝或 (b) 平滑脈衝所產生的總電場。

類的「脈衝」，我們都可以得到光呢？不是。假設這個曲線更爲平滑，那麼我們就要把所有的散射波加在一起，它們彼此之間相隔了很短的時間（圖 34-6(b)）。那麼我們會看到，電場完全不振動，而是非常平滑的曲線，因爲每一個脈衝，在脈衝的間隔時間內，不會有太大的改變。

　　相對論性（極高速）帶電粒子在磁場中環繞所放射的電磁輻射，稱爲**同步輻射**（synchrotron radiation）。這個名稱的來由非常明

顯，但是它並不只特別限於同步加速器，或只是限於地球上的實驗室中。令人覺得興奮與有趣的是，同步輻射也發生在自然界！

34-4 宇宙同步輻射

1054年，中國和日本的文明可列入當時世界上最先進的文明之中；他們已知曉外宇宙的存在，而且他們記錄了那一年有一顆明亮星星爆炸，非常了不起。（讓人驚奇的是，曾經完成了許多有關中世紀著作的歐洲僧侶，卻不肯花一點時間來記錄天空中一顆星的爆炸，可惜他們就是沒有做到。） ★

今天我們可以替那顆星拍一張照片，我們所看到會如圖 34-7 所示。照片中，外圍是一大團紅色的絲狀物，是由稀薄氣體的原子以固有頻率「發聲」所造成的；這構成了具有不同頻率的明線光譜（bright line spectrum）。這個例子中的紅色，恰好是由氮氣所造成的。此外，中央區域是模糊、神祕的一片光，具有**連續**分布的頻率，也就是說，沒有特別的頻率與某些特定原子有所關聯。然而，這並非被附近恆星照亮的灰塵（可以產生連續光譜的方式之一）。我們可以透過中央區域看到附近的星，所以這片區域是透明的，但它本身卻會**發射**出光。

圖 34-8 中，我們看的是同一天體，利用光譜中沒有明線的區域的光，使得我們只看到星雲的中央區域。但是在這個情況，望遠

★中文版注：1054 年（北宋至和元年）的超新星爆炸，產生了蟹狀星雲（crab nebula），即為圖 34-7。蟹狀星雲離地球約 7 千光年，位於金牛座內，現今編號為 M1 星雲。

圖 34-7 帶有各種顏色的蟹狀星雲（沒有使用濾光片）。

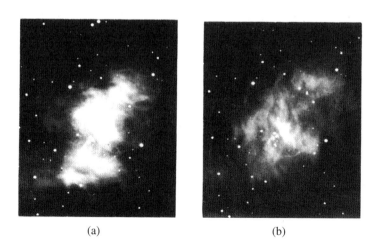

(a)　　　　　　　　　　　(b)

圖 34-8 通過藍色濾光片與起偏器所看到的蟹狀星雲。(a) 電場向量在
垂直方向。（b）電場向量在水平方向。

鏡上也裝置了起偏器，兩次觀測利用的光，其偏振方向相差 90°。我們可以看出來，這兩個畫面是多麼不同！也就是說，我們所看到的光是有偏振的。我們推測這個現象的原因是，那裡有一個磁場，有許多高能電子在磁場中繞轉。

　　我們剛才已經說明了電子如何在磁場內轉圈子。當然，除此之外，我們還可以加上沿磁場方向的等速運動，因為 $q\mathbf{v} \times \mathbf{B}$ 這個力在磁場方向並沒有分量，而且如我們之前所說的，同步加速器的輻射的偏振方向，顯然與磁場在視線面的投影成直角。

　　把這兩件事案加在一起，我們可以看到有一個區域，在其中的一張照片裡是明亮的，而在另外一張照片中則是黑的，所以光必定是讓它的電場全部朝著一個方向偏振。這意思是，該區域中有一個磁場與偏振方向成直角，但是另外有些區域，於另一張照片中這些區域有強烈輻射，那麼其間的磁場定然朝著另外的方向。如果仔細觀察圖 34-8 ，我們可能注意到，粗略的說，有一組「線」，在其中一張照片裡成一個方向，而在另外一張照片中的方向則與前述方向成直角。這些照片還顯示出一種纖維狀的結構。依推測，磁場線傾向於在自己的方向延伸相當長的距離，因此我們可以推測有一個長區域的磁場，其中所有的電子都以同一個方向螺旋行進，而在另一區域的磁場在另一方向延伸，電子則朝著那個方向螺旋行進。

　　什麼原因使得電子的能量保持得這麼大、又維持這麼久？畢竟，這是 900 多年前的爆炸。為什麼電子能夠保持前進得這麼快？我們目前還沒徹底瞭解電子怎麼保持能量，而且整個狀況又能維持這麼久。

34-5 制動輻射

下面簡單說明另一個有趣的效應，是可以輻射出能量的高速運動粒子的效應。這個觀念與剛才討論過的十分類似。假設一塊物質中有帶電粒子，並且剛好有一個高速電子經過（見圖 34-9）。那麼因為原子核周圍的電場之故，電子在受到拉引而加速運動，所以它的軌跡會稍許扭曲或向內彎。假若這個電子以接近光速行進，那麼在 C 方向所產生的電場為何？

記住我們的規則：先看實際的運動，然後以光速 c 將它「展開」來，由此可以得到一個曲線，然後從它的曲率測量出電場。這個電子以速率 v 向著我們的方向行進，所以我們得到一個相反的運動，因為 $c - v$ 小於 c，整個畫面按比例 $(c - v)/c$ 縮小在一個較小距離上。因此，如果 $1 - v/c \ll 1$，B' 處會有劇烈變化的曲率，而當我們取它的二次微分，可以在運動方向得到非常強的電場。所以當超高能電子通過物質時，會在前進方向放出輻射，這就稱為**制動輻射**（bremsstrahlung）。事實上，同步加速器並不經常用來製造高能

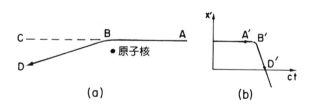

圖 34-9　一個高速電子經過一個原子核附近，在運動方向輻射出能量。

電子（實際上，如果我們能夠很容易的從同步加速器中把高能電子取出來，我們就不會如此說了），而是用來產生非常高能的光子── γ 射線，製造方法是讓高能電子通過固體的鎢製「靶」，電子因為制動輻射效應而放射出光子。

34-6 都卜勒效應

現在我們繼續討論一些場源在運動的效應的其他例子。我們假設這個源是一個定態原子，它以固有頻率之一 ω_0 在振盪。那麼我們就知道，我們將要觀測到的光的頻率是 ω_0。讓我們再來看另外一個例子，有一個類似的振盪器以頻率 ω_1 在振盪，而且在同一時間，整個原子（也就是整個振盪器）以速度 v 朝觀測者的方向運動。那麼這個空間中的運動，實際上是如同圖 34-10(a) 所示。

接著我們來玩常玩的把戲，就是加上 $c\tau$；也就是說，我們把整個曲線倒著轉換回去，因此發現它的振盪如同圖 34-10(b)。在一段時間 τ 之中，整個振盪器前進了一段距離 $v\tau$，但在 x' 對 ct 所作

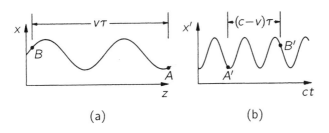

(a)   (b)

圖 34-10 運動中的振盪器的 $x - z$ 與 $x' - t$ 曲線

的圖上，它走的距離卻是 $(c - v)\tau$。所以在時距 $\Delta\tau$ 之內，所有頻率 ω_1 的振盪，現在都出現於時距 $\Delta t = (1 - v/c)\Delta\tau$ 之內；它們被擠在一起，而且當這個曲線以光速 c 經過我們，我們可以看到**較高頻率**的光，頻率僅高出了壓縮因子 $(1 - v/c)$。所以我們觀測到

$$\omega = \frac{\omega_1}{1 - v/c} \tag{34.10}$$

當然，我們也可以用其他不同的方法來分析這個情況。假設這個原子並非發出正弦波，而是正在放射一連串的脈衝「嗶、嗶、嗶、嗶……」，頻率為 ω_1。這些脈衝在什麼樣的頻率下，我們才可以接收到？第一個脈衝到達時，會有某些延遲，但是接下來的延遲則會較短，因為原子也同時在運動，會離接收者愈來愈近。所以，各個脈衝「嗶」之間的間隔時間會隨著原子運動而縮減。假若我們分析幾何情況，會發現「嗶」的頻率以 $1/(1 - v/c)$ 的因子在增加。

如果我們所選擇了一個固有頻率為 ω_0 的普通原子，讓它以速率 v 朝接收者行進，那麼我們所觀測到的頻率 ω，是不是會等於 $\omega_0/(1 - v/c)$？不是的；我們清楚知道，由於相對論中的時間膨脹效應，運動中原子的固有頻率 ω_1 與測量靜止不動的原子所得到的頻率是不相等的。因此如果 ω_0 是真正的固有頻率，調整過的固有頻率 ω_1 應該是

$$\omega_1 = \omega_0 \sqrt{1 - v^2/c^2} \tag{34.11}$$

所以，**觀測到**的頻率 ω 是

$$\omega = \frac{\omega_0 \sqrt{1 - v^2/c^2}}{1 - v/c} \tag{34.12}$$

　　上面的情況中，我們觀測到的頻移稱為**都卜勒效應**：假如有物體朝我們移動，它發射出來的光看起來偏向紫色，而當物體離我們而去時，則光看起來偏向紅色。

　　我們現在要用另外兩種方法來推導這個有趣又重要的結果。假設**源**靜止不動，並且以頻率 ω_0 發射波，而**觀測者**以速率 v 向這個源移動。經過了一段時間 t 以後，觀測者由原來 $t = 0$ 時的位置移到了新位置，與原來位置的距離為 vt。那麼觀測者一共會看到多少弧度的相位經過？在任一固定點，有 $\omega_0 t$ 的弧度經過，此外還有觀測者自己的運動所掃過的弧度，也就是 vtk_0（每公尺的弧度乘以距離）。所以時間 t 之內的總弧度數，也就是觀測到的頻率，應該是 $\omega_1 = \omega_0 + k_0 v$。我們曾經根據靜止的人的**觀點**，分析過類似的情形；我們現在想知道，當這個人在運動的時候，情形又將如何。

　　這裡我們必須再次考慮到兩個觀測者的時鐘速率的差異，現在這句話的意思是我們必須**除以** $\sqrt{1 - v^2/c^2}$。所以如果 k_0 是波數（即運動方向上的每公尺弧度數），且 ω_0 是頻率，那麼這個運動的人所觀測到的頻率是

$$\omega = \frac{\omega_0 + k_0 v}{\sqrt{1 - v^2/c^2}} \tag{34.13}$$

　　對於光來說，我們知道 $k_0 = \omega_0/c$。所以在這個特別的問題中，方程式應該是

$$\omega = \frac{\omega_0(1 + v/c)}{\sqrt{1 - v^2/c^2}} \tag{34.14}$$

這看起來與(34.12)式完全不同！我們朝一個源運動所**觀測**到的頻率，與假設源朝我們運動時所看到的頻率，這兩者是不是不同？當

然不是！但是根據相對論的說法，兩者必須**完全相等**。所以假如我們稱得上是能幹的數學家，我們可能就看得出這兩個數學式子**確實**是完全相等！事實上，這兩個式子**必須**相等，是一些人喜歡用來說明相對論要求時間膨脹的方法之一，因為假如我們沒有在式子中放進去那些平方根的因子，這兩個式子不可能會相等。

　　由於我們知道相對論，讓我們用第三個方法來分析一下，說不定可能會更通用。（事實上它是同樣的東西，因為無論我們**怎樣**處理，結果都是一樣！）根據相對論，一個人所觀測到的位置與時間，和另外一個跟他做相對論運動的人所觀察到的位置與時間之間，存在著一種關係。我們以前曾經寫過這個關係（見第 16 章），也就是**勞侖茲變換**，與它的反變換：

$$x' = \frac{x + vt}{\sqrt{1 - v^2/c^2}} \qquad x = \frac{x' - vt'}{\sqrt{1 - v^2/c^2}}$$

$$t' = \frac{t + vx/c^2}{\sqrt{1 - v^2/c^2}} \qquad t = \frac{t' - vx'/c^2}{\sqrt{1 - v^2/c^2}} \tag{34.15}$$

　　假如我們站在地上不動，波的形狀應該是 $\cos(\omega t - kx)$：所有的波節、最高點以及最低點都遵守這個形式。但如果這個人是在運動之中，他是否也可以觀測到同樣的物理波呢？在場等於零的地方，所有波節的位置都相同（當場等於**零**時，**每個人**對場的測量結果都是零）；這是相對論性不變量（relativistic invariant）。所以這個形式對另外一個人也是一樣，除了我們必須把它變換成那個人自己的參考座標系：

$$\cos(\omega t - kx) = \cos\left[\omega \frac{t' - vx'/c^2}{\sqrt{1 - v^2/c^2}} - k \frac{x' - vt'}{\sqrt{1 - v^2/c^2}}\right]$$

如果把括弧內的各項重新排列，我們得到

$$\cos(\omega t - kx) = \cos\left[\underbrace{\frac{\omega + kv}{\sqrt{1 - v^2/c^2}}}_{\omega'} t' - \underbrace{\frac{k + v\omega/c^2}{\sqrt{1 - v^2/c^2}}}_{k'} x'\right] \quad (34.16)$$

$$= \cos[\quad \omega' \quad t' - \quad k' \quad x']$$

這又是一個波，一個餘弦波，其中有某特定頻率 ω'，這個常數會乘以 t'，以及另外一個常數 k' 乘以 x'。我們稱 k' 是波數，也可以稱它為每公尺的波數（對另外那一個人而言）。所以另外那個人會看到一個新頻率與一個新波數，它們可以寫成

$$\omega' = \frac{\omega + kv}{\sqrt{1 - v^2/c^2}} \quad (34.17)$$

$$k' = \frac{k + \omega v/c^2}{\sqrt{1 - v^2/c^2}} \quad (34.18)$$

我們可以看出 (34.17) 式與 (34.13) 式相同，只不過後者是我們用更物理性的論證所得到的。

34-7 ω、k 四維向量

(34.17) 式與 (34.18) 式所指出的關係非常有趣，因為它們的意思是說，新頻率 ω' 是舊頻率 ω 與舊波數 k 的組合，而新波數則是舊波數與舊頻率的組合。既然波數是相位隨距離改變的變化率，而頻率則是相位隨時間改變的變化率，而且我們可以看出來，這些式子與位置跟時間的勞侖茲變換有非常類似的地方：假設我們認為 ω 類似 t，且 k 類似 x 除以 c^2，那麼新的 ω' 就應該類似 t'，且新的 k' 也與 x'/c^2 相似。這就是說，**在勞侖斯變換之下，ω 跟 k 的變換**

方式，與 t **跟** x **的變換相同**。它們組成我們所稱的**四維向量**（four-vector）；當一個量具有四個分量的變換，而且這些分量的變換和時間與空間的變換類似，它就是四維向量。

到此爲止，似乎一切都很好，然而，卻有一個小問題，我們說四維向量必須有四個分量，那麼其他兩個分量是什麼？我們已經看到 ω 與 k 像是時間與在一個空間方向上的空間，而不是在所有的方向上的空間，所以我們接下來必須研究光在三空間維度傳播的問題，而不是像我們到目前爲止所做的，只專注在一個方向上。

假設我們有一個座標系 x、y、z，以及一個波，它的波前像圖 34-11 所示。這個波的波長是 λ，但是這個波的運動方向卻不在任何一個座標軸的方向上。這種波的公式應該是什麼？答案很清楚，應該是 $\cos(\omega t - ks)$，此處 $k = 2\pi/\lambda$，且 s 是沿著波的運動方向的距離（空間位置在運動方向上的分量）。讓我們這樣說吧：假如 $\mathbf{r}$ 是在空間中一點的位置向量，那麼 s 就等於 $\mathbf{r} \cdot \mathbf{e}_k$，這裡 $\mathbf{e}_k$

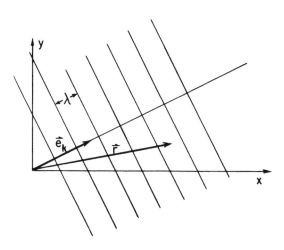

圖 34-11　斜向行進的平面波

是運動方向上的單位向量。也就是說，s 等於 $r\cos(\mathbf{r}, \mathbf{e}_k)$，即在運動方向上的距離分量。所以我們的波是 $\cos(\omega t - k\mathbf{e}_k \cdot \mathbf{r})$。

事實上我們可以定義一個很方便使用的向量 $\mathbf{k}$，它稱為波向量（wave vector），其大小等於波數 $2\pi/\lambda$，方向朝向波傳播的方向：

$$\mathbf{k} = 2\pi\mathbf{e}_k/\lambda = k\mathbf{e}_k \qquad (34.19)$$

用這個向量，可以把我們的波寫成 $\cos(\omega t - \mathbf{k} \cdot \mathbf{r})$，或是 $\cos(\omega t - k_x x - k_y y - k_z z)$。$\mathbf{k}$ 的分量，例如 k_x，有什麼意義？顯然 k_x 是相位對於 x 的變化率。從圖 34-11，我們可以看出來，當我們改變 x 時，相位也跟著改變，就好像那裡有一個沿著 x 方向行進的波，但是波長較長。這個在「x 方向上的波長」要比一個固有的真正波長還長，倍數是 α 角的正割（secant），α 角是實際傳播方向與 x 軸之間的夾角：

$$\lambda_x = \lambda/\cos\alpha \qquad (34.20)$$

因為相位的變化率與 λ_x 的**倒數**成正比，所以相位變化率**變**小了，要小上 $\cos\alpha$ 倍；這就是 k_x 的值，它等於 $\mathbf{k}$ 的大小乘上 $\mathbf{k}$ 與 x 軸夾角的餘弦。

因此，這就是波向量的性質，我們用它來代表三維空間中的一個波。四個量 ω、k_x、k_y、k_z 在相對論中的轉換如同一四維向量，ω 相當於時間，而 k_x、k_y、k_z 相當於四維向量的 x、y、z 分量。

在我們前頭所討論的狹義相對論中（第 17 章），我們學到可以用四維向量做相對論性的點積。如果我們把位置向量寫成 x_μ，此處 μ 代表這四個分量（時間與空間的三個維度），並且我們稱波的向量為 k_μ，此處的指數 μ 也有四個值（時間與空間的三個維度），

那麼 x_μ 與 k_μ 的點積可以寫成 $\sum' k_\mu x_\mu$（見第 17 章）。這個點積是一個不變量，與座標系統無關；那麼它等於什麼呢？根據四維點積的定義，它應該是

$$\sum' k_\mu x_\mu = \omega t - k_x x - k_y y - k_z z \qquad (34.21)$$

從向量的研究我們知道，$\sum' k_\mu x_\mu$ 在勞侖茲變換之下是不變量，因為 k_μ 是一個四維向量。但是這個量正出現在平面波的餘弦之中，同時在勞侖茲變換中它**應該**是不變量。我們不可以有一個公式，其餘弦的值會隨座標而變，因為我們知道在改變座標系時，波的相位不能改變。

34-8　光行差

在導出 (34.17) 式與 (34.18) 式時，我們選擇了一個簡單的例子，**k** 的方向恰好在運動方向上，當然我們也可以把它推廣到其他的情況。舉例來說，從一個靜止不動的人的觀點來看，假如有一個光源從某個方向發出光，但是我們其實隨著地球在移動（見圖 34-12）。那麼在我們來看，光會從哪一個方向來？要找出答案，我們必須寫出 k_μ 的四個分量，然後用上勞侖茲變換公式。

不過我們也可以用以下的論證找出答案：我們必須把望遠鏡朝向某一個角度才能夠看到光。為什麼？因為光以光速 c 照射下來，而我們卻正以速率 v 朝旁邊移動，所以望遠鏡必須向前傾斜，因此光照下來時，它可以「直直」進到鏡筒裡。當垂直距離是 ct 時，我們很容易得到水平距離 vt，所以假如 θ' 是傾斜角度，$\tan \theta' = v/c$。真棒！真的是太棒了！除了一個小問題：θ' 並**不是**我們把望遠鏡**相對於地球**所必須設置的角度，因為我們所做的分析是根據「固定」觀測者的觀點而言。當我們說水平的距離是 vt，地球上的人卻會

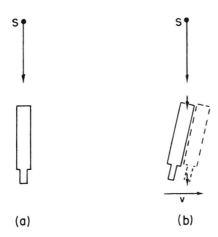

圖 34-12　利用 (a) 靜止的望遠鏡，或 (b) 橫向運動中的望遠鏡，觀看遠
　　　　　方的光源 S。

得到不同的距離，因為他是用一根「縮小」的尺在測量。因為收縮
效應（contraction effect），最後的結果是

$$\tan \theta = \frac{v/c}{\sqrt{1 - v^2/c^2}} \tag{34.22}$$

相當於

$$\sin \theta = v/c \tag{34.23}$$

我們也可以用勞侖茲變換把這個結果算出來，這問題留給同學自己
去解了。

　　望遠鏡必須傾斜的這個效應，稱為**光行差**（aberration），這種效
應是可以**觀**測到的。那麼我們**怎樣**觀測呢？誰能說出一顆特定恆星
應該位於何方？假設我們**的確**必須從錯誤的方向才能看到一顆恆

星，我們又怎麼知道那是錯的方向？答案是因爲地球會繞著太陽運行，今天我們必須把望遠鏡朝向某一個方向；六個月以後，我們又必須把望遠鏡指向另外一個方向。這就是我們如何知道有這樣一種效應存在。

34-9 光的動量

現在我們轉到另外一個主題。前面的幾章中，我們從來沒有討論過與光有關的**磁場**效應。在一般情況，磁場的效應很小，但我們發現一個頗爲有趣的重要效應，卻是由磁場所造成的。假設來自光源的光作用在一個電荷上，並驅使電荷上下運動。如果電場方向是在 x 方向上，那麼電荷運動的方向也是在 x 方向：電荷的位置是 x，速度是 v，像圖 34-13 所示。光的磁場與電場成直角。

現在，當電場作用於電荷，使它上下運動，那麼磁場對這個電荷的作用是什麼？答案是，磁場只有在電荷（比如說這電荷是一個電子）運動的時候，才會對電荷作用；可是電子因受電場驅動的確**正在**運動，因此電場與磁場都會對它作用：當電子上下運動時，它

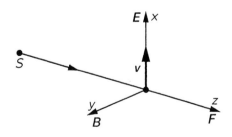

圖 34-13　磁力作用於一個受電場驅動的電荷，磁力的方向與光束行進的方向相同。

會有一個速度以及一個施加於它的磁力（等於 B 乘以 v 再乘以 q）；但是這個力是在什麼**方向**？答案是，在**光傳播的方向上**。所以，當光照在一個電荷上，且電荷因受光影響而正在振盪，那麼在光束行進方向上就會有一個驅動力。這稱為**輻射壓**（radiation pressure）或光壓（light pressure）。

讓我們來求出這種輻射壓有多強。很顯然，它是 $F = qvB$，或者說，因為每樣東西都在振盪，因此它是輻射壓的**時間平均** $\langle F \rangle$。從 (34.2) 式，我們知道磁場強度等於電場強度除以 c，所以我們必須找出電場的平均，然後乘以速度，乘以電荷，再乘以 $1/c$，也就是 $\langle F \rangle = q \langle vE \rangle / c$。但是，電荷 q 乘以電場 E 等於作用於電荷的電力，而作用於電荷的力乘以速度等於對電荷所做的功 dW/dt！所以力（從光輸送過來的每秒「推進動量」）等於 $1/c$ 乘以每秒從光**所吸收的能量**！這是一個通用的規則，因為我們既沒有說明振盪的強度，或說是否一些電荷互相抵消。**在光正被吸收的任何情況下，就會產生一個壓力**。光輸送的動量永遠等於被吸收的能量除以 c：

$$\langle F \rangle = \frac{dW/dt}{c} \tag{34.24}$$

我們已經知道，光會攜帶能量。現在我們又瞭解到光也會攜帶**動量**，並且更進一步知道，所攜帶的動量永遠等於 $1/c$ 乘以能量。

當光從光源發射出來時，會產生一個反衝效應（recoil effect）：也就是前面所說的情況的逆作用。假如一個原子朝某一方向發射出能量 W，那麼就會有一個反衝動量 $p = W/c$。如果光從一面鏡子正向**反射**回來，我們會得到兩倍的力。

對於古典光學的理論，我們討論到此為止。當然我們知道還有量子理論，而且在許多面向，光的作用類似粒子。一個光粒子的能

量等於一個常數乘以頻率：

$$W = h\nu = \hbar\omega \qquad (34.25)$$

我們現在已經認識到，光也會攜帶動量，等於能量除以 c，所以事實上這些有效粒子，即**光子**，也都會攜帶動量：

$$p = W/c = \hbar\omega/c = \hbar k \qquad (34.26)$$

這個動量的**方向**，當然就是光的傳播方向。所以我們把它寫成向量的形式：

$$W = \hbar\omega, \qquad \mathbf{p} = \hbar\mathbf{k} \qquad (34.27)$$

當然我們也知道，粒子的能量與動量應該構成一個四維向量。我們剛才發現 ω 與 $\mathbf{k}$ 也可以構成一個四維向量。因此，幸好 (34.27) 式在兩種情況下（即對能量與動量而言）都具有同樣的常數，也就是說，量子論與相對論相互一致。

(34.27) 式可以寫得更精緻一點，如 $p_\mu = \hbar k_\mu$，這是一個相對論方程式，適用於與波有關的粒子。雖然我們只是在討論光子的時候應用過這個程式，對光子來說它的 k（$\mathbf{k}$ 的大小）等於 ω/c，且 $p = W/c$，但這個關係卻更具一般性。在量子力學中，**所有**粒子（不只限於光子）都表現出類似波的性質，而波的頻率與波數和粒子的能量與動量之間的關係，是由 (34.27) 來描述〔這稱為德布羅意關係式（de Broglie relation）〕。即使在 p 不等於 W/c 的情形，(34.27) 也適用。

在上一章，我們看到右旋或是左旋圓偏振光束也攜帶**角動量**，大小與波的能量 ε 成正比。在量子圖像中，圓偏振光束被當作是一連串的光子，每一個光子沿著傳播方向都攜帶角動量 $\pm\hbar$。在光粒子的觀點上，這就是偏振的意義，因為光子所攜帶的角動量類似旋

轉的來福槍子彈。但是這幅「子彈」圖像實際上與「波」的圖像一樣不完整，我們將會在研究量子行為的那一章中（第37章），更深入討論這些概念。

第35章

彩色視覺

35-1 人類的眼睛

色彩的現象，部分是取決於實體（physical）世界。我們討論肥皂泡膜的色彩等等，說那是干涉造成。但是，色彩當然也要依靠人類的眼睛，或者是在眼睛後方，以及腦中所發生的一切作用。進入眼睛的光。用物理可以解釋其特性，不過一旦進入眼睛，我們的感覺卻是光化學—神經作用與心理反應的結果。

許多有趣的現象和視覺有關，牽涉到物理現象與生理作用的結合；當我們**看到**自然現象，能夠廣泛欣賞感知，這能力肯定已經超出尋常物理學的範疇。在這一章我們偏離主題去涉足其他領域，不必爲此感到不安，因爲先前強調過，領域的劃分，只是爲人的便利，其實不合乎自然。自然界才不管我們如何劃分，更何況許多現象跨越多個領域，非常引人入勝。

第 3 章中，我們已經大致討論過物理與其他科學的關係，現在我們要詳細探討某個特定的領域，展現物理與其他科學息息相關。這個領域就是**視覺**，我們特別要討論彩色**視覺**。這一章我們主要是討論所觀察到的人類視覺現象，在下一章我們將探討人與其他動物視覺的生理層面。

一切視覺全由眼睛開始；爲了瞭解我們所看到的現象，必須先具備眼睛的知識。在下一章中，我們將詳細討論眼睛各個部分的功能，以及它們怎樣和神經系統互相聯繫。目前我們只簡單描述眼睛如何運作（見圖 35-1）。

光由**角膜**（cornea）進入眼睛；我們已經討論過光怎樣轉彎，以及在眼睛後面稱爲**視網膜**（retina）那一層組織上如何成像，使得視網膜不同部位接收外界視野不同方位的光。視網膜組織並非完全

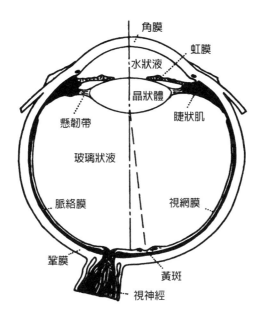

角膜

虹膜

水狀液

晶狀體

睫狀肌

懸韌帶

玻璃狀液

脈絡膜

視網膜

鞏膜

黃斑

視神經

圖 35-1　人類的眼睛

均勻：有一點位於視野的中央，有最敏銳的視覺，我們要把東西看得非常清楚就是靠這裡；稱做**中央窩**（central fovea）或**黃斑**（macula lutea）。根據我們看東西的經驗馬上就知道，眼睛周邊的部分在看東西的細節時，並不像眼睛中央部位那樣有效。

　　視網膜上還有另一個點，神經在那裡會合把所有的信息傳送出來；那是盲點（blind spot）。視網膜在這部位沒有感知，我們可以證明，譬如說，我們閉上左眼，然後用右眼直盯著某一樣東西，然後慢慢的把一根手指或其他小物體向視野外移動，它突然在某一點就消失不見了。針對這件事實，我們所知的唯一實用案例是，法國宮廷某位生理學家把這件事告訴國王，而深得國王寵愛。他告訴國王，接見朝臣十分枯燥無聊的話，不妨假想「砍掉他們的頭」自娛，只

要盯著其中一個朝臣，然後讓另一個朝臣的頭從眼中消失不見。

　　圖 35-2 顯示視網膜內部的放大簡圖。視網膜各部分有不同的結構。靠近視網膜外圍較緻密的神經，稱為**視桿**（rod）。在比較靠近中央窩的地方，除了這些視桿細胞，還有**視錐**細胞（cone cell）。我們稍後再解釋這些細胞的結構。當我們愈接近中央窩時，視錐細胞的數目愈多，而在中央窩本身，實際上除了密集的視錐細胞之外，沒有其他的東西，因為擠得太緊，以致於這裡的視錐細胞比別地方的視錐細胞更細長。所以我們瞭解到，我們是用視野正中間的視錐細胞在看東西，但是到了視網膜的周圍，那裡是另外一種細胞，就是視桿細胞。

　　有趣的是，視網膜中的感光細胞並不是經由纖維直接連到視神經，而是接到彼此相連的其他細胞上。一般而言，這些細胞有許多

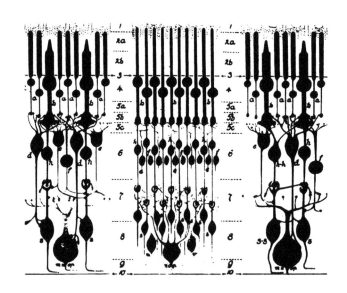

圖 35-2　視網膜的結構（光從下方進來）

種類：有些細胞把信息帶到視神經，但是還有一些主要是「水平」互連的細胞。基本上一共有四種細胞，我們暫時不深入討論。我們主要強調的是，光訊號是已經「考慮過的」。也就是說，來自各種細胞的信息並不是立刻點對點傳送到腦部，而是在視網膜消化某中部分，把幾個視覺接受器的信息組合在一起。重要的是，我們要瞭解，某些腦功能的現象發生在眼睛裡。

35-2 色彩取決於強度

眼睛對黑暗的適應，是最讓人稱奇的視覺現象。假如我們從一個明亮的房間走進黑暗的地方，剛開始會有一段短暫的時間，我們什麼也看不見，但是東西輪廓會漸漸清晰，最後就可以在原先看不見的地方看到東西。如果光的強度很弱，我們**看不見**東西的**色彩**。我們已知，視覺對黑暗之適應，幾乎完全靠視桿細胞，而在明亮情況下的視覺則是有賴視錐細胞。因此，我們得以感知某些現象，就是因為視覺從視錐和視桿細胞共同運作，**轉變**到只有視桿細胞在運作。

有許多情況，假如光線強度夠強，我們就可以看到顏色，而且我們會認為這些物體非常漂亮。舉個例子來說，透過望遠鏡，我們幾乎總是只看到模糊星雲的「黑白」影像，但是威爾遜山天文台與帕洛瑪天文台的密勒（W. C. Miller）卻很有耐心拍攝下這些星雲的**彩色**照片。沒有人真正親眼看過這些色彩，但它們並非人工著色，只是因為光線不夠強，無法讓我們眼睛的視錐細胞看見這些色彩而已。在這些壯麗的天體中，有環狀星雲和蟹狀星雲。環狀星雲的內部呈現出美麗的藍色，外暈是明亮的紅色，而蟹狀星雲則是一團模糊的淡藍色，瀰漫著鮮艷的紅橙色絲狀物。

　　在明亮的光線下，顯然視桿細胞的靈敏度非常低，但是在黑暗中時間稍微長一點，它們會慢慢的恢復接受光的能力。人類能夠適應的光強度變化，最強與最弱的比值可以超過一百萬比一。大自然並非只用一種細胞處理所有的強度：它先交給可以感受亮光及色彩的細胞（視錐細胞），然後再傳給可以感受弱光且適應黑暗的細胞（視桿細胞）。

　　這種移轉造成一個有趣的結果是：在黑暗中，先是看不到色彩，其次是不同色彩的物體產生的亮度不同。視桿細胞看藍色比視錐細胞看得清楚，而視錐細胞可以看見，例如：深紅色的光，但視桿細胞根本看不到。因為對視桿細胞來說，紅光是黑色的。因此拿兩張色紙，譬如分別是藍色與紅色，在充足的光線下，紅色可能看起來比藍色鮮艷，然而在黑暗中看起來完全相反。這個效應讓人稱奇。

　　假如我們在黑暗中找到一本彩色雜誌或有色物體，在確知其顏色前，我們先判斷它較亮與較暗的部分為何，然後如果我們把雜誌拿到亮處，可能會看到原先所認為的明亮與暗淡色彩明顯換過來了。這個現象稱為**浦肯頁效應**（Purkinje effect）。

　　圖 35-3 中，虛線代表眼睛在黑暗中的靈敏度，也就是視桿細胞的靈敏度，而實線的曲線則代表光線明亮下的靈敏度。我們可以看到，視桿細胞的最大靈敏度是在綠色的區域，而視錐細胞的最大值則是在黃色的區域。如果有一張紅色的紙（紅色的波長大約是 650 毫微米），假如光線明亮，我們就能夠看見這張紙，但是在黑暗中就幾乎看不見了。

　　在黑暗中視覺完全由視桿細胞接手，且在中央窩沒有視桿細胞；這兩件事實造成的實際效應是，我們在黑暗中直視某物體，比不上斜看一邊那麼敏銳。有時候，斜看暗淡的恆星或是星雲，而不是盯著直視，反而看得比較清楚，這是因為在中央窩沒有靈敏的視

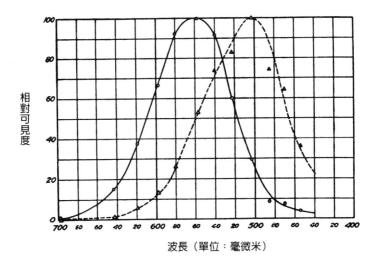

波長（單位：毫微米）

圖 35-3　眼睛的靈敏度光譜。
虛線：視桿細胞；實線：視錐細胞。

桿細胞存在。

　　離視野中心愈遠，視錐細胞愈少。這件事實造成另一個有趣的效應：即使光線很明亮，物體移動到視野外側，就看不到顏色了。測試這個現象的方法是，眼睛望向某一特定方向，讓朋友拿著彩色的卡片從側邊走過來，在這些卡片到達眼前以前，你先試著判斷一下卡片是什麼顏色。你會發現，在你能判斷是什麼色彩之前，早已經看到了那些卡片。做這個實驗時，給你一點建議，最好請朋友從盲點的對面那一邊走過來，否則的話，你會覺得幾乎要看到顏色了，然後什麼也看不見，接著又再看到顏色，你會搞糊塗。

　　還有另外一個有趣的現象，就是視網膜的邊緣對運動非常靈敏。雖然從眼角我們沒有辦法看清楚物體，可是如果我們原來並沒有預期會有什麼東西在那兒移動，而有一隻小甲蟲在移動，我們會

立刻感覺到小甲蟲的行動。我們的眼睛構造對於有東西在視野邊緣跳動很敏感，隨時都會去注意到。

35-3　測量色彩知覺

現在我們來討論視錐的視覺，也就是明亮光線下的視覺。談到視錐視覺的最大特徵，就是它對色彩的辨別。我們知道稜鏡可以把白光分成包含各種波長的光譜，以不同的色彩呈現在我們的面前；當然，這就是色彩；是眼睛所感知到的事物外觀。任何光源都可以用光柵或稜鏡來分析，我們就可以定出光譜的分布，也就是每一個波長的「量」。

某一種光可能帶有大量的藍色、相當多的紅色、很少的黃色等等。這樣描述從物理的觀點是非常準確，然而我們想知道的是，它到底會呈現出什麼樣的**色彩**？各種不同的顏色顯然或多或少取決於那道光的光譜分布而定，然而關鍵在於找出光譜分布透過哪些特性造成各種不同的色彩感覺。舉例來說，我們要怎樣做，才可以得到綠色？我們都知道，最簡單的方法是取一段綠色所在的光譜。但這是不是唯一取得綠色、或橘色，或任何色彩的**唯一方法**？

是不是不只一種光譜分布可以產生「看起來」同樣的視覺效應？答案絕對是**肯定**的。視覺效應的種類非常有限，實際上它們只是三個因子之間的變化（我們很快就可以看到），但來自不同光源的光我們都可以畫出無限多條對應曲線。現在我們需要討論的問題是，在什麼情況下，不同分布的光讓我們的眼睛看起來是相同的色彩？

判**斷**色彩最有效的心理物理學技巧，是把眼睛當作**零指示器**（null instrument）。也就是說，我們不必企圖定義「是什麼構成了綠色的感覺」，或者測量在什麼樣的情況之下，我們才可以得到綠色

的感覺，因為那是非常複雜的。相反的，我們要研究在什麼情況之下，兩個視覺刺激是眼睛**無法分辨**的。因此，我們不需要去決定兩個人是否在不同的環境中有相同的感覺，而只是要知道，假如對其中的一個人來說，兩個感覺是相同的，那麼對另外一個人是否也應該如此。我們也不需要決定，當一個人看到某些綠色的東西時，他內心的感覺是否和另外一個也看到綠色的人相同；因為像這樣的問題，我們完全不清楚。

　　為了說明有多種可能的組合，我們可以用一組四個投射燈，每個燈都裝上一個濾光片，並且讓它們的亮度可以連續調節的範圍很廣：裝有紅色濾片的投射燈，在屏幕上打出紅色的光點；接著裝有綠色濾光片的燈，在屏幕上形成綠色光點；第三個投射燈裝有藍色的濾片；而第四個燈打出來的光是白色的圓圈，中間有一個黑點。

　　現在，假如我們照出一些紅色的光，在它的旁邊打上一些綠色光，我們看見在這兩個光的重疊區域有顏色，不是我們所說的綠中帶紅的綠色，而是一種新的色彩，在這個特例中，這個色彩是黃色。藉由改變紅色與綠色的比例，我們能夠作出各種深淺不同的橘色，以及其他顏色。如果我們設定某一種黃色，我們不一定要混合紅色與綠色才能作出那個黃色，可以經由混合其他色彩，譬如黃色濾光片加上白光，或者是類似的安排，以得到相同的視感知覺。換句話說，產生各種色彩的方法不只一種；有許多種方法，把通過各種濾光片的光混合在一起，得到所要的色彩。

　　我們剛才所發現的情況，可以用下列分析方法來表示。舉例來說，某種特定的黃色，可以用一特定符號 Y 來代表，它是某些量的紅色濾光片的光（R），與綠色濾光片的光（G）的總和。應用兩個數字，譬如說 r 與 g，來表示（R）與（G）的亮度，我們可以為這個黃色寫出一個公式：

$$Y = rR + gG \qquad (35.1)$$

我們現在的問題是，是否可以只用兩種或三種固定色彩的光，把它們加在一起，以製造出**所有**的色彩？讓我們來看看，怎樣找出這個關係。當然我們不可能只靠著混合紅色與綠色，就得到所有的色彩。因為，這樣的混合永遠不會出現藍色。然而，加一些藍色進去，看看三個色點重疊的中央區域，可能會產生看起來相當漂亮的白色。如果把各種不同的色彩，以各種不同的比例混合，然後注視這個中央區域會發現，我們可以得到許多色彩，範圍相當廣泛，所以想藉由混合這三色光而得到**所有**的色彩來，並非不可能。我們將討論，這想法可以實現在什麼程度；因為事實上，這個想法基本上是正確的，我們很快可以知道，如何更清楚界定這個主張。

為了說明我們的觀點，我們移動屏幕上的紅、綠、藍三色光點，讓它們互相重疊在一起，我們再用第四個燈照在屏幕上，會出現光環，然後我們試著用三色光調配出像第四個燈的光環的特定顏色。我們原先以為第四個燈的顏色是「白色」，現在看起來帶有淡淡的黃色。我們不斷用嘗試錯誤盡力調整紅色光、綠色光及藍色光，去調出（match）這個顏色。結果發現，我們可以調出相當接近於這個特定深淺的「奶油色」。因此我們不難相信，我們可以配製出所有的色彩。我們等一下要嘗試調配的色彩是黃色，但是在這之前，我們要提一下，有一個色彩可能很難調配出來。

那些教色彩學的人，可以調配出所有「明亮」的色彩，然而他們始終沒有得到**棕色**，而且我們也實在想不起來，何時曾經看到過棕色的光。事實上，這個色彩從來沒有用在任何舞台效果上，也沒有人看見過劇院的聚光燈是棕色光；因此我們以為沒有辦法配出棕色光來。為了要弄清楚到底我們是否能夠配出棕色光，我們先要指

出，棕色光只有在背景襯托下才看得到。實際上，我們可以混合一些紅色光與黃色光，而得到棕色光。為了證明我們真正看到棕色光，只要增加光環背景的亮度，讓它襯托出那個光，我們果然就可以看到那個稱為棕色的光了。棕色是一定要有明亮背景襯托的一種深色。我們也可以很輕易的改變棕色的性質。舉例來說，如果我們少用一些綠色，就會得到紅棕色，看起來像巧克力的紅棕色。此外，假如我們綠色的比例多一點，會得到陸軍軍服那種很醜的顏色，但是這個色彩的光本身卻並不那麼可怕；如果給它襯上明亮的背景，看起來就是黃綠色。

現在我們放一個黃色的濾光片在第四個燈光的前面，照出黃色光環，然後嘗試用另外紅、綠、藍三色光調配出相同的黃色。（光環的黃色強度當然是在各單色燈光可達的範圍之內；太亮的色彩我們配不出來，因為各色燈光的功率不夠。）然而我們**確實能**調配出黃色來；把綠色與紅色相混，同時加進少許的藍色，使它看起來更完美。至此我們已經開始相信，在適當的條件下，我們能夠完美的調配出任何一種指定的顏色。

接著，讓我們來討論一下色彩混合的定律。首先，我們先前發現，不同的光譜分布曲線可以產生相同的色彩；其次，我們又看到，把紅色、藍色與綠色這三種特定的色彩加在一起，可以配出「任何」色彩。色彩混合最有趣的特色是：如果有某一種光，我們稱它是 X，我們的眼睛沒有辦法把它與 Y 區分開來（Y 可能是另一種光譜分布曲線，但是**看起來**就是沒有區別），我們稱這兩個色彩「相等」（equal），意思是說，眼睛把它們看成是相等的色彩，所以我們可以寫成

$$X = Y \tag{35.2}$$

這裡有個非常重要的色彩定律：假如兩個光譜分布是眼睛無法區分彼此的話，這兩者再分別加入某一特定的光，比如說 Z（我們寫成 $X + Z$ 的意思是說，在同一小塊面積上照射 X 和 Z 這兩種光），然後我們也把同量的 Z 光加到 Y 裡，這兩個新組合結果，仍然無法區別：

$$X + Z = Y + Z \qquad (35.3)$$

我們剛才調配出了黃色（兩個同樣的黃色）；假如我們現在用粉紅色的燈光來照射兩邊，結果它們看起來還是一樣。因此，相匹配的光各加上另一個光，仍然還是相匹配。也就是說，這些色彩的現象全部可以歸納如下：一旦兩個色光相匹配（match，擺在一起看不出區別），不管再加什麼光，仍然保持匹配。因此，某些要調色的場合，這兩者可以互相替換。

事實上，有一個非常重要又很有趣的結果是，判定兩種色光是否匹配跟作觀察那一刻的眼睛特性無關。我們知道，假如我們長時間注視明亮的紅色表面，或是鮮艷的紅色光，然後再看一張白紙，此時白紙看起來會帶綠色，其他色彩也會失真，因為剛剛注視鮮紅色太久了。假如有兩個看起來一樣的黃色，然後我們注視一個鮮紅的表面一段長時間，再轉回來看黃色，可能看起來就不再是黃色的了；我不知道它看起來會像什麼顏色，但絕對不是黃色。然而**兩種黃色看起來仍然相等**，所以，當眼睛適應了各種等級的強度，相匹配的光仍然匹配。明顯有個的例外情形，就是當我們進入光強度非常微弱的區域，我們的視覺必須從視錐細胞轉移到視桿細胞；原來相等的色彩不再是相等的了，因為眼睛使用另外一個系統。

光的色彩混合的第二個原理是：**任何真的色彩都可以由三種不同色彩混合而成**，我們指的是紅色光、綠色光及藍色光。把這三種

色光適度混合在一起，我們能夠調配出任何一種色彩，就像剛才我
們所示範過的兩個例子。再者，這些定律的數學也非常有趣。對色
彩混合的數學有興趣的人，以下就是其數學。假設我們用紅、綠、
藍三種色彩，把它們標示爲 A 、 B 、 C，並且稱爲**原色**（primary
color）。任何色彩都可用這三原色各若干分量調配出來。比如說， a
量的 A 、 b 量的 B 、以及 c 量的 C，混合成爲 X：

$$X = aA + bB + cC \qquad (35.4)$$

現在假設另外一個色彩 Y，是由同樣這組三原色混合而成：

$$Y = a'A + b'B + c'C \qquad (35.5)$$

那麼這兩種光的混合，可由 X 與 Y 這個別成分的總和得到（這是我
們先前提過的定律的一個結果）：

$$Z = X + Y = (a + a')A + (b + b')B + (c + c')C \qquad (35.6)$$

這就像數學中的向量加法一樣，(a, b, c) 是一個向量的分量，而 $(a',
b', c')$ 是另外一個向量的分量，因此 Z 這個新的光就是這些向量的
「總和」。這個主題一直吸引著物理學家與數學家。事實上，薛丁格
（Erwin Schrödinger, 1887-1961，奧地利理論物理學家）曾經寫過一篇的
彩色視覺論文，在論文中，他推導出這個向量分析的理論，可以應
用在色彩的混合上。

現在有一個問題是，哪些才是可用的正確原色？其實並沒有所
謂調配光色的「正確原色」。即使有，也是爲了實用的目的，例

如，要調出較多種類的色素組合，某三種油漆也許比其他油漆更好用，但是我們暫且不討論這件事。**只要是任何三種不同色彩的光***就一定可以按照正確的比例混合，產生**任何色彩**。我們能不能證明這件奇妙的事呢？我們不用紅、綠、藍這三色投射光，而改用紅、藍、黃色光來代替。例如，我們能不能用紅、藍、黃色光得出綠色？

　　這三色以各種不同比例混合後，我們的確可以得到各種不同的色彩，在光譜上占了相當廣的範圍。但事實上，經過多次的嘗試錯誤，我們始終沒有辦法找出任何像綠色的色彩。問題是，我們真的可以製造出綠色嗎？答案是「可以」。怎樣做？辦法是**把一些紅色光投射到綠色光上**，然後用黃色與藍色的某種混合來匹配。如此我們就得到匹配的色彩，只是我們動了一些手腳，把紅色光投射在另外一邊的綠光上。

　　因為我們懂一些數學，我們可以理解到，我們所證明的，並非任何 X 色一定可以由紅色、藍色、黃色調配出來，而是我們把紅色放到另外一邊，發現紅色加上 X 色可以用黃色與藍色配製出來。紅色放在方程式的另外一邊，我們可以把紅色解釋成一個**負值**，所以如果我們允許在(35.4)式中的係數可以是正值、也可以是負值，而且我們可以把負值的意思解釋成我們必須把它**加到另外一邊**，那麼也就是說，任何色彩都能夠由任三種色彩調配而成，因此就沒有所謂的**真正**基本原色。

　　我們可能要問，是否真的有這樣一組三種色彩，它們調配出所有的顏色都是用正的係數。答案是「沒有」。每一組三原色都需要

---

*原注： 當然，除非這三種色彩中，有一種能夠由另外兩種色彩混合而調配出來。

有負值來構成某些色彩，所以並沒有單一獨特的方法可以定義原色。在初級的書中常說紅色、綠色與藍色是三原色，但那只是因為這三個色彩不需要負的係數，即可構成許多色彩，**範圍比別組原色更廣泛**。

35-4　色度圖

現在我們從數學的層次，把色彩的混合當作是幾何的命題來討論。如果(35.4)式代表任一種色彩，我們可以把它當作是一個空間向量，以 a、b、c 三個量做為三個軸的座標畫出的點，就是某個特定色彩。假如另外一個色彩的三個量是 a'、b'、c'，那麼它會落在另外一個位置上。我們已知，兩者的總和就是把這些向量加在一起所代表的色彩。

應用下列的觀察心得，我們可以把這個圖予以簡化，把每樣東西都呈現在平面上：假如我們有某一種色彩的光，只是 a、b、c 加倍，也就是說，假如我們讓每一個值按同樣比例增強，結果還是得到同樣的色彩，只是比較更明亮一些。如果我們同意把所有的光降到**同樣的光強度**，那麼我們就可以把它們投影到一個平面上，就像圖 35-4。

由此可知，由兩個已知色彩以某種比例混合而成的任何色彩，都會落在這兩個點的連線上。舉例來說，50：50 的混合結果會出現在這條線的中間點，而某個色彩 1/4 與另一個色彩 3/4 的混合結果，會出現在一點到另一點連線的 1/4 位置上，依此類推。假如我們用藍色、綠色與紅色當作原色，係數為正值的情況下調配出來的所有色彩，全部在圖中的虛線三角形內，幾乎包含了我們這輩子會看到的所有色彩，因為我們會看到的所有色彩都包含在由實線曲線

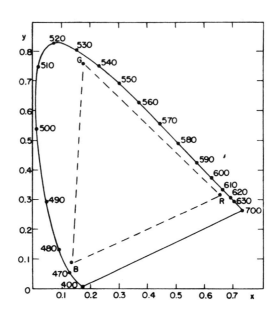

<u>圖 35-4</u>　標準色度圖

所圍成的不規則區域裡。

　　這個區域是從哪兒來的？曾經有人以這三個特別的色彩，非常
仔細去匹配我們能夠看見的所有色彩。但是我們不需要檢查能夠看
見的**所有**色彩，而只需要對照純光譜色，也就是光譜線。任何光都
可以視為若干個純光譜色以各種正值量混和的總和，這裡說的「純」
是指從物理觀點而言。每一種特定的光具有特定量的紅色、黃色與
藍色等光譜色，我們只要知道選出的三原色各需要多少來調配出每
一種純光譜色，那麼就可以計算出每一種原色各需要多少量，才可
以調出指定的色彩。因此，對任何特定的三原色來說，只要我們找
出構成所有光譜色的**色彩係數**（color coefficient），那麼就可以獲得
色彩混合的一覽表。

　　這種把三原色光混合在一起的實驗很多，圖 35-5 是其中的一個例子。這個圖表示出，用三種不同的特定原色，紅色、綠色與藍色，調配出每一種光譜色所需的量。紅色在光譜的最左邊，下一個是黃色，如此繼續下去，一直到藍色。請特別注意，某些點需要用到負號。就是從這些資料，才能夠在圖表上（圖 35-4）找到所有色彩的位置，圖表中的 x 座標跟 y 座標，與所需要的各種原色的量有關。那個彎曲的邊界線當初就是這樣找到的，它是各個純光譜色的軌跡。

　　當然，任何其他非光譜色的色彩都可以由把兩條光譜線相加在一起而得到，因此我們發現，任何色彩都可以由把圖 35-4 曲線的一處連接到另外一處而產生，它們都是自然中可見的色彩。實線界線右下方的那條直線，則是連接光譜的最紫端與最紅端，也就是各種紫色的軌跡。在界線內是能夠用光形成的色彩，而界線外的色彩

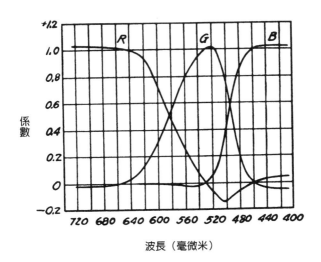

圖 35-5　用一組標準原色表示純光譜色的色彩係數

則不能由光形成，而且從來沒有人看過那些色彩〔除非那些色彩出現在視覺後像（after-image）！〕

35-5 彩色視覺的機制

現在接下來所要討論的觀點實際上是一個問題，**為什麼**色彩有這些現象？最簡單的理論是由楊（Thomas Young, 1773-1829）與亥姆霍茲（Hermann von Helmholtz, 1821-1894）所提出的，假設眼睛中有三種不同的色素能夠接收光，各有不同的吸收光譜，好比說，其中一種色素強烈吸收紅光，另一種色素強烈吸收藍光，而剩下的一個色素強烈吸收綠光。那麼，當我們把光照在這三種色素上時，在這三個光譜區域中會得到不同的吸收值，而且這三種不同的信息經過我們的腦、或眼睛、或其他地方的處理，然後判斷出這是什麼色彩。

很容易可證明，色彩混合的所有規則都可以從這個主張推導出來。這個主張還有重大爭論未決，因為無法解答以下這個問題，就是找出這三個色素個別的吸收特性。結果沒找到，因為我們可以任意轉換色彩座標，所以我們只能用種種實驗把色彩混合，找出吸收曲線的各種線性組合，卻找不到單獨色素的曲線。

曾經有人嘗試用各種方法得到描述眼睛某個物理性質的特定曲線。其中一個曲線叫做**亮度曲線**（brightness curve），見圖 35-3 。圖中有兩個曲線，一是眼睛在黑暗中的曲線，另一個是眼睛在亮光下的曲線；後者也就是視錐亮度曲線。這個曲線是測量而來的：眼睛勉強剛好可以看到某暗晦色光時的最小光度。這個做法可以測量出不同光譜區域中眼睛的靈敏程度。

還可以用另一種非常有趣的方法來測量。假如我們用兩種色彩

的光，並讓它們照射到同一區域，讓色光交替閃爍，如果頻率太低，我們會看到閃爍的情形。然而，頻率增加到某一個頻率時，色光看起來不再閃爍了，這個頻率完全取決於光的亮度，姑且就說這頻率等於每秒 16 次。現在假如我們調整其中一個色彩的亮度，也就是強度，另一個色彩不變動，我們會找到某個強度，讓每秒 16 次的閃爍看不到。為了讓亮度經過如此調節的色光開始再度閃爍，我們必須把頻率降得非常低，才能夠看到這個色光的閃爍。所以，我們在較高的頻率就有所謂的亮度閃爍，而在較低的頻率，則是色彩的閃爍。應用這種閃爍的技術可以讓兩個色彩配成具有「相同的亮度」。這些結果幾乎（雖然不能說完全）與我們測量弱光下視錐細胞的臨界靈敏度相同。大部分研究人員用這種閃爍技術做為亮度曲線的定義。

現在，假如眼睛裡有三種感受色彩的色素，問題是，要測量每種色素的吸收光譜的形狀，該怎樣做呢？我們知道有一些人是色盲，男性人口有百分之八是色盲，女性則有百分之零點五。大部分的色盲或色彩視覺異常的人，對色彩變化的靈敏度與正常人不同，但他們還是需要三種色彩來匹配出其他色彩。

然而，還有一些稱為**二色視者**（dichromat）的人，對他們來說，只需要**兩種原色**就可以配出其他色彩。顯然在暗示，這些人各缺少了三種色素中的一種，只要我們能夠找到三種用不同色彩混合規則的二色視者的色盲，一種是缺乏**紅色**色素，另一種缺乏**綠色**色素，最後一種缺乏**藍色**色素。測量這三種色盲，我們可以確定這三種曲線。結果發現**的確**總共有三種二色視者的色盲；其中兩種較常見，第三種則很少見。由分析這三種色盲，我們已經推演出色素的吸收光譜。

圖 35-6 是某特定別類型色盲人士的色彩混合情形，這種人稱

為綠色盲（deuteranope）。對他們來說，各種固定色彩的軌跡不是一個點，而是特定一條線，沿著每一條線上的色彩，在他們看來都相同。如果說「他們缺少了三種信息中的一種」這理論是對的，那麼這些線全都應該相交在一點。如果我們好好的測量圖形，會發現它們**真的**全部相交在一點。所以顯然圖 35-6 出自於數學家之手，並非代表實際的數據！事實上，假如我們查看晚近引用實際數據的文獻，會發現圖 35-6 中所有直線的集中點沒有畫對地方。利用圖中的線條，我們找不到合理的光譜；反而需要在各區域有負吸收以及正吸收。但是應用尤思托瓦（E. N. Yustova）的新數據，結果會發現每

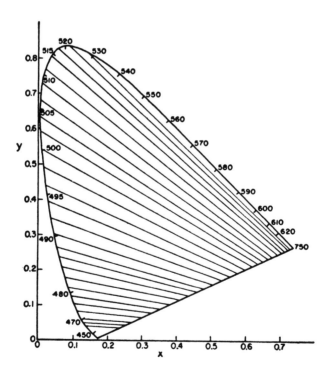

圖 35-6　綠色盲患者所誤認的色彩軌跡

一個吸收曲線在任何點都是正值。

　　圖 35-7 所表示的是不同種類的色盲——紅色盲（protanope），圖中有一個集中點靠近界線的紅端。尤思托瓦在這個情況中得到這些線幾乎相交於同一點上。

　　應用三種不同種類的色盲，總算是得出三種色素的反應曲線，見圖 35-8 所示。是不是最終結果？或許吧。然而我們還有疑惑，就是三種色素的觀念到底對不對，色盲是否因缺乏一種色素所致，甚至，色盲患者色彩混合的數據是否正確。不同的學者得到的結果不同。這個領域還有待更進一步的發展。

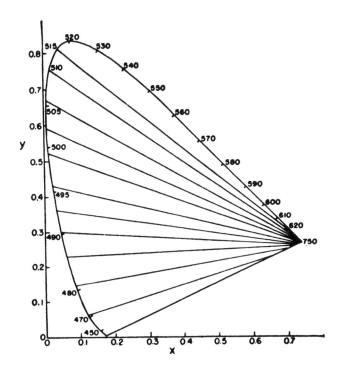

圖 35-7　紅色盲患者所誤認的色彩軌跡

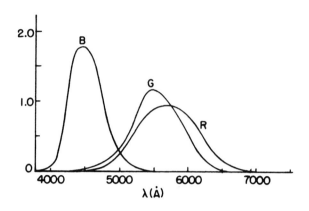

圖 35-8 正常三色接受器的靈敏度光譜曲線

35-6 彩色視覺的生理化學

現在，如果把這些曲線和眼睛的真正色素對照一下，結果又將如何？視網膜上的色素主要是一種叫做**視紫紅質**（visual purple）的色素。它最不尋常的特性是，第一，幾乎所有脊椎動物的眼睛之中都有，其次，它的反應曲線與眼睛的靈敏度非常一致，這可以從圖 35-9 看出來，圖中把視紫紅質的吸收與眼睛對適應黑暗的敏感度畫在同樣的尺度內。

視紫紅質這個色素顯然就是我們在黑暗中用來看東西的色素；它是視桿細胞的色素，與彩色視覺完全沒有關係。這個事實是 1877 年所發現的。即使到了今天，我們仍然沒有辦法在實驗試管中獲得視錐細胞的各種色彩色素。在 1958 年以前，可以說根本沒有人看見過色彩色素。但是自那時之後，拉需頓（W. A. Rushton）用一個非常簡單又漂亮的技術，偵測到其中的兩個色彩色素。

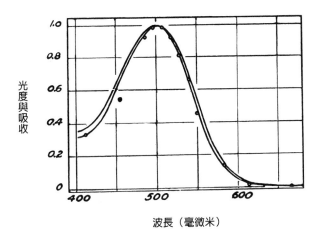

波長（毫微米）

圖 35-9 已適應黑暗的眼睛的靈敏度曲線，與視紫紅質吸收曲線的比較。

麻煩的是，照理說，既然與較低強度的光相比，眼睛對鮮艷色光的靈敏度如此的弱，眼睛需要大量的視紫紅質來看清楚東西，而不需要很多色彩色素來看色彩。拉需頓的觀念是**就讓色素留在眼睛中**，然後想辦法來測量它們。他的做法是：用一種叫做檢眼鏡（ophthalmoscope）的儀器，把光經過透鏡送進眼睛，然後讓出來的光聚焦。用這個方法，可以測量出來有多少光給反射回來。所以我們是在測量來回經過色素兩次的光反射係數（光被眼球後面的一層組織反射，然後再經由視錐細胞的色素出來）。在自然界很少看到如此精巧的設計。有趣的是，視錐細胞的設計很有意思，到達視錐細胞的光會到處反彈，到達頂點的小感知點。光直接進到感知點，在底部反射，然後再出來，這段路程穿過相當多彩色視覺的色素；我們觀察的是中央窩，那裡沒有視桿，我們就不致於被視紫紅質弄混了。但是，人類早就看過視網膜的色彩：是帶橘色的粉紅色；也知道那裡全都是血管，以及在後面的物質的色彩，等等。

　　我們怎樣知道看到的是色素，不是別的？**答案是**：首先我們要找一個色盲的人，他的色素較少，因此比較容易進行分析。其次，各種不同的色素，比如視紫紅質，受強光照射後，它們的強度會產生變化；當我們把光照射在色素上，它們的濃度會改變。所以，觀測眼睛的吸收光譜的同時，拉需頓讓**另外**一束光照整個的眼睛，這改變了色素的濃度，然後他測量光譜的變化，其差異跟血液的量或反射層的色彩以及其他東西，當然都沒有關係，除了色素以外。拉需頓就是如此得到了紅色盲眼睛的色素曲線，見圖 35-10。

　　圖 35-10 中的第二條曲線（有圓點的曲線）是從正常眼睛得到的曲線。做法如下：先確定一種色素，並用紅光照射另一種，而第一種對紅光並不靈敏。紅光對紅色盲眼睛不發生影響，但是對正常的眼睛則不然，所以我們就能夠得到缺少一種色素的曲線。圖中的一條曲線，形狀完全符合尤思托瓦的綠色曲線，但是紅色曲線卻偏

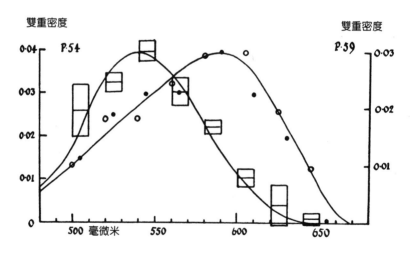

圖 35-10　紅色盲眼睛（方塊）與正常眼睛（圓點）色彩色素的吸收光譜

離了少許。因此看來，我們或許已經走上正確的道路。或也可能沒有，因爲根據最近對綠色盲的研究結果，並沒有顯示出任何特定色素的缺失。

　　色彩並不是光本身的物理問題。色彩是一種**感覺**，在不同的環境之下，對不同的色彩會有不同的感覺。例如，假如我們有粉紅色的光，由白光與紅光交會重疊而產生的（用白色與紅色，顯然我們再怎麼配也只能得到粉紅色），我們用以下方法可以讓白光看起來偏藍色。假如我們把一個物體放在上述粉紅光束中，它會投射出兩個陰影——一個由白光單獨照射出來的，而另外一個則是由紅光所照出來的。對大部分的人來說，從「白光」所得到的物體陰影看起來是藍色，但是假如我們讓這個陰影繼續擴大，直到它遮蓋了整個屏幕，突然看起來是白色，而不是藍色的！

　　我們也可以用同樣的方法混合紅光、黃光與白光，而得到類似的效應。紅光、黃光與白光的混合只能產生橙黃色之類的光。因此假如我們把這些光大約等量混合，我們只能得到橙色的光。然而用物體稍遮住這光束，各個影子中就有這三色光的各種排列組合，我們能夠看到一系列美麗的色彩，它們是我們**感覺**到的色彩，並不是光本身的色彩（原先只有橙色光）。

　　這裡我們清楚**看到**種種色彩，它們與光線中的「實質」（physical）色彩非常不一樣。非常重要的是，我們要理解到，視網膜看到光已經在「思索著」光；比較在某個區域跟其他區域所看到的光，但是並非意識所指使。視網膜如何能夠做到這些，我們現今的瞭解正是下一章的主題。

—— 參考文獻 ——

Committee on Colorimetry, Optical Society of America, *The Science of Color*, Thomas Y. Crowell Company New York, 1953.

Hecht, S., S. Shlaer, and M. H. Pirenne, "Energy, Quanta, and Vision," *Journal of General Physiology*, 1942, **25**, 819-840.

Morgan, Clifford and Eliot Stellar, *Physiological Psychology*, 2nd ed., McGraw-Hill Book Company, Inc., 1950.

Nuberg, N. D. and E. N. Yustova, "Researches on Dichromatic Vision and the Spectral Sensitivity of the Receptors of Trichromats," presented at Symposium No. 8, *Visual Problems of Colour*, Vol. II, National Physical Laboratory, Teddington, English, September 1957. published by Her Majesty's Stationery Office, London, 1958.

Rushton, W. A., "The Cone Pigments of the Human Fovea in Colour Blind and Normal," presented at Symposium No. 8, *Visual Problems of Colour*, Vol. I, National Physical Laboratory, Teddington, English, September 1957. published by Her Majesty's Stationery Office, London, 1958.

Woodworth, Robert S., *Experimental Psychology*, Henry Holt and Company, New York, 1938. Revised edition, 1954, by Robert S. Woodworth and H. Schlosberg.

第36章
視覺的機制

36-1　感知色彩

談到視覺，我們必須瞭解我們看到的並非散亂的幾個色點或光點而已（現代藝術畫廊的展示除外！）。我們注視某個目標時，我們看到的是一個**人**或是一件**東西**，換句話說，腦子會把看見的影像予以詮釋。我們的腦如何做到這一點，沒有人知道，只知道這是一種高層次的功能。顯然我們是從經驗學習如何辨認出某個人的樣子，但是視覺有其基本特性，也牽涉到我們如何把所見事物的不同部位的訊息予以組合。為了進一步瞭解我們如何把整個影像予以詮釋，值得花點功夫去探討各種視網膜細胞剛收到影像的最初階段如何整合訊息。這一章裡，我們將把重點集中在視覺方面，雖然在討論的過程中，我們也會提到幾個相關議題。

人腦把眼睛各部位同一時間看到的訊息予以累積，這是基本功能，並非主觀可控制或學習而來。這件事的例子之一是，把紅光與白光同時照在屏幕上，白光的部分產生藍色陰影。我們「起碼要知道」屏幕背景是粉紅色，才能有這效應，雖然看著藍色陰影時，只有白光進入眼中某特定點。顯然腦中某處已經把種種訊息整合起來。愈是完整與熟悉的情況，眼睛愈能把這些奇特的現象加以改正。

事實上藍德（Edwin H. Land, 1909-1991，美國發明家和物理學家）曾經證明過，假如我們把物體的相同兩張幻燈片以不同吸收比例，放在紅光與白光前面，所產生的影像看起來是藍色與紅色以不同比例混合在一起，如此可以呈現相當逼真的物體實際景象。在這個例子中，我們也彷彿得到許多中間色，就像我們把紅色與藍綠色混合在一起那種中間色；看起來幾乎像是有一整套的色彩，但是如果我

們仔細觀察，它們並不是眞實顏色。雖然如此，只用紅色與白色就能產生這麼多的色彩，還是讓人感到驚奇。這樣混合出來的景象愈接近眞實的情況，我們愈能在腦中調整到以爲眞的存在，雖然事實上，除了粉紅色光以外，其他什麼也沒有！

　　另外一個例子是黑白轉盤上所顯現出來的「色彩」，轉盤上的黑、白區域如同圖 36-1 所示。圓盤旋轉時，在任何半徑上的亮、暗區域的變換都相同；只有兩種「條紋」的背景不同而已。旋轉時可以看到兩個「環」，然而其中一個「環」顯現出一種色彩，而另一個「環」則顯現另外一種色彩。＊ 還沒有人瞭解色環出現的原因，但是很明顯，各種訊息在很初步階段就整合起來了，很有可能

圖 36-1　當如上的圓盤旋轉時，色彩只出現在兩個較暗的「環」之中的
　　　　　一個。如果反向旋轉，色彩則顯現在另外一個環上。

　　＊原注：色環的顏色取決於轉動速度與照明亮度，並且在某種
　　　程度上，也隨著不同觀測者以及他盯著看的專注程度而有所
　　　不同。

就在到達眼睛時。

　　現今的彩色視覺理論幾乎都同意，色彩混合的數據指出，眼睛的視錐中只有三種色素，而且正是這些色素的光譜吸收構成感知色彩的基礎。雖然總體的感知與這三種色素共同作用的吸收特性有關，卻不一定等於個別感知的總和。我們都同意，黃色看起來**絕對不像**帶有紅色的綠色；事實上許多人可能會相當驚訝的發現，光線實際上是由許多種色彩混合而成，人類對色彩的感知途徑跟音樂不同，音樂和弦的單純混合，當三個音符同時存在時，只要我們用心聆聽，可以聽出每一個單獨的音符。但是我們卻無法透過專心注視一道光線看出其中有紅色與綠色。

　　最早期的視覺理論認為有三種色素以及三種視錐，每一種視錐各含有一種色素；每一個視錐細胞都有一根神經通到腦部，因此三種信息都可以傳到腦部；然後在腦部處理，細節不詳。這概念當然不是很完整；僅僅發現視神經把信息帶到腦部，這件事一點用處也沒有，因為我們沒有解決問題。我們必須問更基本的問題：信息在**哪裡**整合有差嗎？信息需要立刻從視神經傳送到腦部嗎？抑或視網膜可以先做一些分析嗎？我們已經看過視網膜的圖解，構造極端複雜，具有許多交互連接（見圖 35-2），在這裡執行一些分析也是有可能。

　　實際上，研究解剖學與眼睛發育的人已經證明，視網膜事實上是腦的一部分；在胚胎發育的過程中，胚胎前端會長出一塊腦部組織，這塊組織長出細長的纖維，往後把眼睛和腦連接在一起。視網膜的組織和腦的組織一樣，有人曾傳神的描述：「腦子自己發展出面對世界的方法。」眼睛是大腦接觸光的部分，也可以說，它是腦子的外面部分。所以，要說色彩已先在視網膜中分析過了，並非不可能。

這是個頗爲有趣的機會。我們可以說，沒有其他感覺器官在訊號到達神經（可以進行測量的點）之前就已經用到大量的計算。所有其他感覺器官的計算一般都是發生在腦本身，但那裡很難找到特別的定點來做測量，因爲腦裡面有太多的交互連結存在。而對視覺來說，我們有光、還有三層可以執行計算的細胞，而且計算的結果可以經過視神經傳送。這是我們首度有機會從生理上，觀測腦的第一層組織如何執行它們的第一步工作。因此我們有雙重的興趣，不僅是視覺方面的興趣，還有對整個生理問題的興趣。

三種色素的存在並不意味必定有三種感覺。某個彩色視覺理論認爲眞的有相對的色彩系統（見圖36-2）。亦即假如我們在看黃色，眾多神經纖維其中的一種會攜帶大量神經脈衝（impulse），而藍色使這種神經纖維產生的脈衝比一般情況少。而另一種神經纖維以同樣的方式攜帶了綠色與紅色的信息，還有一種神經攜帶白色和黑

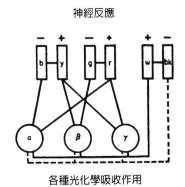

神經反應

各種光化學吸收作用

$$y - b = k_1(\beta + \gamma - 2\alpha)$$
$$r - g = k_2(\alpha + \gamma - 2\beta)$$
$$w - bk = k_3(\alpha + \gamma + \beta) - k_4(\alpha + \beta + \gamma)$$

圖36-2 某「相對」彩色視覺理論下的神經連接方式

色的信息。換言之，在這個理論之下，有人已經開始猜測線路如何相連，也就是計算方法如何運作。

我們去猜測這些最初步的計算，就是嘗試要解釋粉紅色背景上「彷彿」看到的顏色，當眼睛適應了不同色彩以後會發生什麼情形，以及所謂的心理現象。

這裡講的心理現象是指，舉例來說，白色不會讓人「感覺」到是紅色、黃色與藍色的混合，這個理論是比較高深了一點，因為生理學家說「看到的純色」總共有**四種**：「總共有四種刺激有不尋常的能力，分別激發出心理上對單純的藍、黃、綠、紅色調的不同反應。這些單純的色調不同於赭色、洋紅色、紫色，或是大部分可辨別的色彩，不會互相混合，每一種色調都不融於其他色彩；更明確的說，藍色不帶黃色、紅色或綠色等等；這些是心理學上的原色調。」這就是所謂的心理學事實。

為了找出這個心理事實是從什麼證據推論出來的，我們必須仔細翻閱所有相關文獻。當今的文獻中，我們所能夠找到與這個題目有關的資料都重複著相同的陳述，也就是某位德國心理學家借用達文西（Leonardo da Vinci）的權威來解釋（當然我們都知道達文西是一位偉大的藝術家）。他說：「達文西認為有五種色彩。」更進一步查閱文獻，我們發現，在一本更老的書中也有這方面的證據。書中的說法如下：「紫色是帶紅色的藍色，橘色是帶紅色的黃色，但是我們能否把紅色認為是帶有紫色的橘色呢？紅色與黃色是否比紫色或橘色更像基本單元？如果讓一般人說出哪些色彩是單原色，他們會回答說是紅、黃、藍這三種色彩，有些觀察者可能會加入第四種——綠色。心理學家通常接受這四種色彩是顯色調的說法。」以上就是心理學分析色彩的情況：假如每個人都說有三種色彩，而某人卻說有四種，他們就希望有四種，結果就是四種。這凸顯出心理

學研究的困難。顯然我們對色彩都有這種感覺，但是很難找到更多相關資料。

　　因此我們只好轉到另一方向，從生理學的方向來探討，用實驗方法找出腦部、眼睛、視網膜，或其他部位真正發生了什麼事情，或許可以發現來自各種細胞的神經脈衝的某種組合沿著某些神經纖維移動。順帶提一下，不同種類的原色色素並不一定要分別存在不同細胞之中；同一個細胞中也可以同時存在著混在一起的各種色素，有些細胞中含有紅色與綠色色素，有些則含紅色、黃色、藍色三種色素（三種色素發出的信息組成白色信息）等等。

　　有許多方法可以把整個系統連接在一起，但是我們必須找出自然界用的是什麼方法。我們當然希望，在瞭解了生理學的關聯以後，有朝一日，我們也能稍微懂得心理學方面的觀點，我們以下轉到探討生理學方面。

36-2　眼睛生理學

　　我們先來看不僅是彩色視覺，而是一般的視覺，以提醒自己，視網膜中的交互連接就像圖 35-2 所示。視網膜實際上像是腦的表面。雖然在顯微鏡下所看見的真正圖像比畫出來的簡圖要複雜一些，但是如果仔細的分析，還是能夠辨別出所有交互連結。毫無疑問的，視網膜表面有一部分和其他部位相連，來自許多細胞的信息組合，從細長的神經軸突傳出去，這些軸突形成了視神經。視網膜表面共有三層細胞執行一連串的功能：首先是會接受光的影響的視網膜細胞，接著是接收單一或數個視網膜細胞的信息的中間細胞，然後把信息傳出去到第三層的一些細胞，最後信息被帶到腦部。這幾層的細胞經由各式各樣的交會而連接在一起。

　　現在我們轉而討論眼睛的結構與功能（見圖 35-1）。光的聚焦主要是靠角膜，因為角膜有彎曲的表面，可以讓光「偏轉」。這就是為什麼在水中我們看不清楚東西，因為我們角膜的折射率是1.37，水的折射率是 1.33，兩者的折射率相差太小。角膜的後面是折射率為 1.33 的水（水狀液），再後面是眼睛的晶狀體。晶狀體的結構非常有趣：像一個洋蔥，有好幾層，但全部是透明的，中間部分的折射率是 1.40，而外層的折射率則是 1.38。（如果我們能夠製造出可以調整各部位折射率的鏡片，該有多好！如此一來，我們就不需要把鏡片做成彎曲的，但因為現有的鏡片整個折射率都是一樣的，所以就必須做成彎曲的形狀。）

　　再者，角膜的形狀不是球面。球面形狀的晶狀體具有某種程度的球面像差。角膜的外側比球面「平」，角膜的球面像差比完全球狀的情況小！把光線聚焦在視網膜上的就是角膜—晶狀體系統。當我們凝視近處或遠處時，晶狀體會收縮或是放鬆，以調節適合不同距離的焦點。調節總光量的是虹膜，也就是眼睛顏色的來源，可能是棕色或是藍色的，因人而異；當光量增加或減弱時，虹膜會隨著向內收縮或向外擴張。

　　現在讓我們來看看神經系統怎樣控制晶狀體的調節、眼睛的活動、讓眼睛在眼窩轉動的肌肉以及虹膜，這些都簡略的畫在圖 36-3中。來自視神經 A 的所有信息，大部分被分到兩束神經中的一束（我們將會在後面討論），並且從那裡傳到腦部。

　　但現在我們只對其中幾條神經纖維感到興趣，它們不直接通到腦的視皮質，視皮質是讓我們「看到」影像的部位，而是直接通到中腦 H。這些神經纖維測量平均光量，然後調整虹膜；或者假如影像看起來霧濛濛，它們可以修正晶狀體；或是假如出現雙像，它們也可以調整眼睛的「雙眼視覺」。總而言之，這幾條神經纖維穿

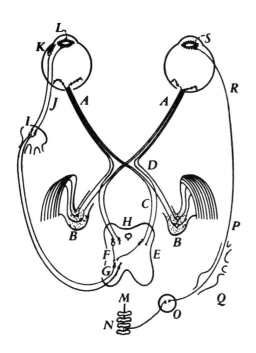

圖 36-3　控制眼睛機械作用的神經交互連結

過中腦，然後再回饋到眼睛。 *K* 點是調控晶狀體的肌肉，而 *L* 則是連接到虹膜的肌肉。

虹膜有兩種肌肉系統。一種是環肌（circular muscle）*L*，當它受到刺激時，會向內拉緊並且把虹膜關起來；它的反應非常快，神經直接從腦經過短軸突（short axon）連接虹膜。另外一種肌肉是輻射肌（radial muscle），當四周變暗時，環肌會放鬆，輻射肌向外側收縮。就像身體許多部位一樣，會有一對作用相反的肌肉，而且幾乎在每個例子中，控制這兩種肌肉的各個神經系統彼此有精準協調：當訊號送達，使其中一種肌肉收縮，同時會有訊號使另一種肌肉放鬆。

　　然而，虹膜是一個特殊的例外：我們已經討論過讓虹膜收縮的神經，但是卻沒有人知道使得虹膜**擴張**的神經是從哪兒來的，它下到胸部後面的脊髓，然後進入胸腔，再由脊髓出來，向上經過頸神經節，繞過了一圈，再回到頭部，連接虹膜的另外一端。事實上，這個訊號穿過完全不同的神經系統，根本不是中樞神經系統，而是交感神經系統，所以這是非常奇怪的運作方法。

　　先前我們已強調另外一個有關眼睛的奇特情況，那就是感光細胞生長在錯誤的一邊，因此光在到達光接受器以前，必須經過數層其他細胞，這整個結構內外顛倒！所以，眼睛的有些特徵非常奇妙，然而有些卻顯得非常愚蠢。

　　圖 36-4 說明眼睛與腦部的某部分之連接，這部分是與視覺作用最有直接關係的地方。視神經纖維延伸到剛好超過 D 的地方，D 稱為外側膝狀體（lateral geniculate body），從那裡它們連接到腦部的視皮質。我們注意到，來自雙眼的某些神經纖維會連到腦的一側，因此影像並非完整呈現。右眼左邊的視神經穿過視交叉（optic chiasma）B，而左眼左側的視神經則來到這裡轉向，兩股神經再往同方向前進。因此左腦接收到雙眼的眼球左側所送出來的所有信息，也就是右側視野，而右腦則看到左側視野。就是用這樣的方式，雙眼各自得到的信息整合起來，我們就知道東西的距離到底是多遠。這就是雙眼視覺系統。

　　視網膜與視皮質的連結也頗具趣味。視網膜上的某一點不管是遭到切除或是破壞，整條神經纖維就會死掉，因而我們可以藉此找出它在哪裡與視皮質連接。結果發現它們是一對一的連接，也就是視網膜上的每一點，在視皮質都有一個相對的點，而且視網膜上非常靠近的幾個點，在視皮質上的對應點也非常靠近。所以視皮質也呈現視桿與視錐的空間排列，當然有所扭曲。在視野中心看到的東

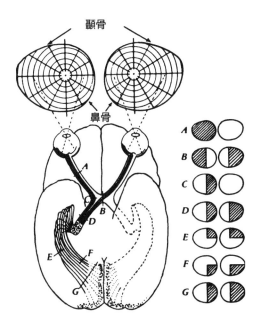

圖 36-4 從眼睛到視皮質的神經連結

西,原本只占據視網膜非常小的部分,而在視皮質中擴展到許多許多的細胞。視野中原來非常靠近的東西,在視皮層中的對應點仍然非常靠近,這顯然很有用。

然而,最精采的是如下所述。大家可能會認為,若想讓幾件東西在皮層中的對應點很靠近,最重要的手段應該是把這些東西放在視野正中央。信不信由你,當我們注視某樣東西時,視野中央從上到下有一條線,來自這條線右側所有點的信息,會進入左腦,而來自線條左側所有點的信息則進入到右腦,而且左腦跟右腦中間剛好有一個像切痕的分隔,因此這些在視野正中央非常靠近的東西,其實在腦中卻離得很遠!信息必須以某種方法從腦的一邊,經過某些

管道，進入腦的另外一邊，這實在十分令人驚奇。

這個網路是怎樣「搭起來」的，這問題很有意思。至於這個網路中，有多少是原來已經接好的，有多少是靠學習而接起來的，這是老問題了。很久以前認為，或許這個網路不需要預先搭得很完備，只要粗略的交互連接即可，然後兒童透過經驗很快學到有東西「在那裡」，於是在腦中產生一些感覺。（醫生總是告訴我們，幼兒可以「感覺到」什麼，但是**他們**怎麼知道一歲的孩子的感覺呢？）我們推測一歲的孩子看到有個東西「在那裡」，然後得到一些感覺，並且學會把手伸到「那裡」，因為把手伸到「這裡」摸不到東西。這個解釋的方法可能不正確，因為我們已經看到很多例子，先天就有特殊的細緻的神經連結。

有一些用蠑螈做的精采實驗，更能說明這一點。〔順帶說明，蠑螈的視神經具有直接的交叉連結（crossover connection），而沒有視交叉，因為牠的眼睛位於頭的兩側，沒有共同的視野。蠑螈沒有雙眼視覺。〕實驗的步驟如下。我們可以把蠑螈的視神經切掉，但神經會從眼睛再長出來。成千上萬的神經細胞纖維就是這樣再度成型。蠑螈的視神經不是並列在一起的，它們像一大團隨意放置的一條電話線，所有的纖維全部糾纏在一起，但是到了腦部，它們又全都被整理好了。當我們切斷蠑螈的視神經以後，大家感興趣的問題是，這些視神經會不會重新整理出頭緒呢？答案是「會的」，非常讓人吃驚。假如我們切斷蠑螈的視神經，神經會重新生長出來，蠑螈再度恢復銳利的視覺。然而，如果我們切斷牠的視覺神經，並且把牠的**眼睛上下顛倒過來**，讓神經再長出來，這隻蠑螈仍然會恢復銳利視覺，但是會出現很大的差錯：當這隻蠑螈看見一隻蒼蠅在「上方」，牠卻撲到「下方」去了，而且牠永遠無法從經驗中學到如何改進。因此，有某種很神秘的方式，使得成千上萬的神經纖維找

到它們在腦部的適當位置。

　　至於這個神經網路有多少是事前連接起來的，有多少沒有連起來，這在生物發育理論中，是很重要的問題。我們還不知道答案，可是正在密集研究之中。

　　用一隻金魚做同樣的實驗，我們切斷視覺神經的地方，出現一個可怕的硬塊，像一個大痂塊或傷口併發的腫塊，但即使如此，神經纖維還是在腦中的正確位置長回來。

　　當神經纖維在舊的視神經通道長回時，它們必須決定自己應該要往哪個方向生長。它們該如個決定呢？好像是有一些化學線索在指引，不同的神經纖維對它們有不同反應。想想看，這些正在生長的神經纖維數量龐大，每一根神經與隔壁的神經稍微不同；神經纖維經各自以其獨特的方式，因應其面臨的化學指引，找到適合自己的位置，最終與腦部連接起來！這是多麼奇妙、又耐人尋味的現象。這也是近年來所發現的偉大生物現象之一，毫無疑問的，這和許多以前未解的生長、組織、以及發育的生物學問題，特別是胚胎，都有所關聯。

　　另外一個有趣的現象與眼睛的運動有關。眼睛必須不停的運動，好讓各種情況下雙眼所看到的影像能夠重疊。這些運動有兩種：一種是隨著某樣東西移動，這需要雙眼往同一方向移動，往左或往右；而另外一種運動，則是在各種距離注視同一點，這需要兩隻眼睛（珠）往相反方向移動。

　　通到眼睛肌肉的神經連接的方式正是為了達成這些目的。有一組神經會使一隻眼睛內側的肌肉，以及另一隻眼睛外側的肌肉收縮，並且讓相反作用的肌肉放鬆，因此兩個眼珠可以同時移動。還有一個神經中心，那裡若受到刺激，會使得眼珠向著彼此移動，而不再平行移動。兩個眼珠之一都能往眼角移動，假如另一個眼珠朝

鼻子移動，但不管是有意識的或無意識的情況下，我們都不可能使得兩個眼珠同時**往外**移動，不是因爲沒有**肌肉**，而是因爲沒我們有辦法送出訊號讓兩個眼珠同時往外移，除非發生了意外，或因爲其他的原因，例如神經被切**斷**。雖然某隻眼睛的肌肉肯定可以操縱那隻眼睛的行動，但即使是會瑜伽術的人也沒有辦法靠自己的意志，讓**兩個**眼珠隨意往外移動，就是沒有辦法做到，因爲我們的神經網路早已有某種程度的連線。這是相當重要的一點，因爲早期的解剖學與心理學書籍等，大都不瞭解或不特別強調我們天生就已有完整神經連線這件事，所以他們認爲每件事都是後天學習的。

36-3 視桿細胞

現在讓我們來仔細研究一下視桿細胞的功能。圖 36-5 顯示一個視桿細胞中央部分的電子顯微鏡圖（整個視桿細胞已超出電子顯微鏡的視野）。那裡有一層接一層的平面結構，放大的圖在右邊，它含有稱爲視紫紅質的物質，也就是在視桿中產生視覺效應的染劑，也叫作色素。視紫紅質是一種色素，是一個巨大的蛋白質，含有一種特別的化學基稱爲視黃醛（retinene），視黃醛可以從蛋白質脫離，毫無疑問的，它也是吸收光線的主要原因。

雖然我們不太瞭解這些平面結構的作用，但是一定有某種理由讓所有視紫紅質分子維持平行。這個現象的化學特性已經研究得很透徹了，但其中有可能還牽涉到物理現象。或許可能是這樣的，所有分子排成一列，當其中一個分子受到刺激，它所產生的一個電子，可能會一直往下跑到另外一頭，最終可以傳送出訊號，或是引發其他的行動。這個主題很重要，然而尚未研究徹底。這個領域早晚會用到生物化學與固態物理，或類似的學門。

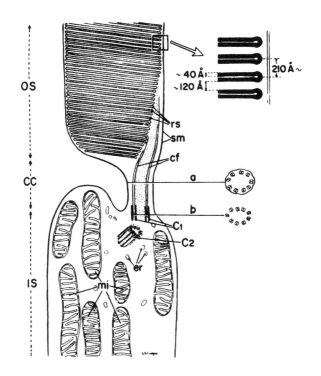

圖 36-5　電子顯微鏡下的視桿細胞

　　這種具有層次的結構，也出現在其他以光為主的例子中，例如植物的葉綠體（chloroplast），行光合作用的構造。如果我們把葉綠體放大，發現它們具有幾乎相同的層次結構，只是葉綠體裡面含有葉綠素（chlorophyll），而非視黃醛。

　　視黃醛的化學結構如圖 36-6 所示。沿著支鏈有一連串交替出現的單鍵與雙鍵，幾乎所有具有強烈吸收作用的有機物質都有這個特性，比如葉綠素、血液等等。人類無法在自己的細胞製造視黃醛這種物質，必須從食物中攝取。因此我們需要吃一種特殊的物質，做為視黃醛的來源，它的分子式和視黃醛相同，只是分子結構的右

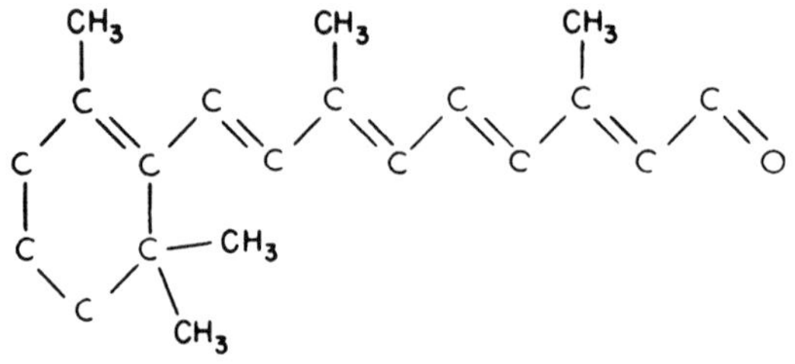

圖 36-6　視黃醛的分子結構

端多了一個氫原子；這就是我們所說的維生素 A ，如果我們攝取量不足，就會缺乏視黃醛，會罹患所謂的**夜盲症**，因為視紫紅質中沒有足夠的色素在夜間用視桿來看東西。

　　這種一連串交替的單鍵與雙鍵能夠強烈吸收光的原理，已經是眾所周知。我們提示一下：這種交替出現的單鍵與雙鍵稱為**共軛**雙鍵（conjugated double bond）；雙鍵的意思是指那裡有一個多出來的電子，可以很容易的向左或向右移動。當光照射到這個分子時，每一個雙鍵上的電子向前移動一步。整條鏈上的電子都向同一側移動，像一列骨牌倒下來一般，雖然每個電子只移動了一小段距離（在單一原子中，我們會預期電子只能移動一小段距離），然而淨效應就好像電子從整個分子的一端移動到另外一端一樣！以這種方式，彷彿一個電子在整個分子大小的距離上來回移動，我們在電場的影響下可以得到更強的吸收，這比我們只是把一個原子中的電子移動一段距離，所產生的吸收強許多。由於電子很容易來來去去，使得視黃醛有很強的吸收作用；以上就是與視黃醛作用有關的物理化學原理。

36-4 昆蟲的複眼

現在我們回到生物學上。眼睛有很多種，人類的眼睛並不是唯一的一種。幾乎所有脊椎動物的眼睛，基本上都跟人類的眼睛類似。然而，在比較低等的動物，還有許多其他種類的眼睛，例如眼點（eye spot）、各種眼杯（eye cup）、以及一些較不敏感的組織，不過我們無暇討論這些。然而，在無脊椎動物中，卻有一種高度發達的眼睛，那就是昆蟲的**複眼**（compound eye）。（許多昆蟲除了具有大形的複眼，同時也有額外的單眼。）

蜜蜂這一種昆蟲，牠的眼睛已經仔細研究過了。蜜蜂眼睛的視覺特性比較容易研究，因爲牠們喜歡蜂蜜，因此容易拿牠們做實驗。在實驗中，我們把蜂蜜分別塗在藍色和紅色的紙上，然後注意牠們會去尋找哪一張紙上的蜂蜜。利用這個方法，我們發現了蜜蜂視覺許多耐人尋味的現象。

曾有研究人員嘗試測量，蜜蜂分辨兩張「白」紙之間色差的能力有多靈敏，有些研究人員的結論是牠們的辨別力並不怎麼好，但有些研究卻又認爲牠們的辨別力非常好。即使兩張白紙幾乎一模一樣，蜜蜂還是能夠分辨出來。這些實驗用的是一張塗了鋅白的紙，以及另外一張塗了鉛白的紙。雖然對我們來說，這兩張白紙沒有什麼不同，但是蜜蜂卻很容易區別，因爲這兩張紙對紫外線的反射量不同。就是在這種情況下，我們才發現蜜蜂的眼睛比人類的眼睛能夠感受到更寬廣的光譜。

我們的眼睛可以看見從 7,000 埃到 4,000 埃的光，也就是從紅色到紫色，可是蜜蜂的眼睛卻能夠看到波長往下延伸至 3,000 埃的區紫外線區！這造成了許多有趣效應。第一，蜜蜂能夠區分我們看

不出差別的花朵。當然，我們必須瞭解，各種花朵的顏色並不是為**我們的**眼睛而設計的，而是為了蜜蜂；這些花色是訊號，為了吸引蜜蜂來到某一種特定的花旁邊。

我們都知道有許多「白色」的花。很顯然蜜蜂不是對白色感興趣，原因是不同的白色花會反射不同比例的**紫外線**；因為它們不是真正的純白色可以百分之百反射紫外線。並非所有的光都會被反射回來，會少了某種紫外線，對蜜蜂來說那就是某種顏色，就像對我們來說，如果缺少了藍色，我們就看到了黃色。所以說，所有（白色）的花朵對於蜜蜂而言都是帶有顏色的。

然而，我們也知道蜜蜂看不見紅色。因此我們預期所有的紅色花朵對蜜蜂而言都是黑色。但事實並非如此！如果仔細研究一下紅色的花，首先，即使是用我們的眼睛，也會看到大部分的紅花都帶有些微的藍色調，這是因為紅色的花反射額外的藍色，這就是蜜蜂能夠看到的部分。更進一步的實驗發現，花瓣的不同部位可以反射不同量的紫外線。所以說，假如我們能夠看到蜜蜂所見到的花色，花朵的顏色將會更美麗多變！

實驗也顯示，有一些紅色的花**不**反射藍光、也不反射紫外線，因此蜜蜂**會**覺得它們是黑色的！這個現象曾經讓許多人擔心，因為黑色看起來不能招來蜜蜂青睞，它似乎與老舊、骯髒的陰影很難區別。後來發現，那些花雖然引**不**起蜜蜂的興趣，卻是**蜂鳥**會來拜訪的花，因為蜂鳥**能夠**看見紅色！

蜜蜂視覺另一件有趣事情是，蜜蜂只要看到一小片的藍天，彷彿就知道太陽的方向，不需要看到太陽本身。我們就不容易做到這一點。如果我們從窗子向外看，見到天空是藍色的，太陽在哪個方向呢？蜜蜂會知道，因為蜜蜂對光的**偏振**非常敏感，而天空的散射光就是偏振光。＊ 蜜蜂對偏振光的靈敏度到底如何運作，仍沒有定

論。到底是因為在不同環境下光的反射作用不同，抑或是因為蜜蜂的眼睛本身就可以感受，都還不完全清楚。◆

　　此外，據說蜜蜂可以看清楚每秒高達 200 次振盪的閃爍光，而我們最多只能夠看清 20 次振盪。蜜蜂在蜂箱中的運動非常快速；腳一直移動，翅膀也不停振動，但是我們的眼睛很難看清楚這些運動。我們看東西的速度很快，我們可以清楚的看到這些運動。蜜蜂眼睛的反應如此迅速，對蜜蜂而言可能非常重要。

　　現在來討論一下，我們預期蜜蜂的眼睛具有怎樣的視覺銳度（visual acuity）。蜜蜂的眼睛是一種複眼，是由許多**小眼**（ommatidi-um）細胞所組成，這些小眼是呈圓錐狀排列在近乎球體的表面，位於蜜蜂頭部的外側。圖 36-7 就是一個小眼的圖示。小眼頂端有一個透明的區域，類似透鏡，實際上更像是漏斗或是光導管，可以讓光沿著狹窄的纖維進入，光的吸收應該就是在此進行。而由另外一端出來的就是神經纖維。中央纖維的邊緣上圍著六個細胞，實際上是它們把神經纖維給隱藏起來。至此，就我們的目的而言，這樣的解說已經足夠了；重點是，小眼呈圓錐狀，許多圓錐狀構造緊密排列，排滿了蜜蜂眼睛的表面。

＊原注：人類的眼睛對偏振光也有少許的感覺，我們**能夠**透過學習，指出太陽的方向！這種現象稱為**海丁格刷像**（Haidinger's brush）；當我們用偏光鏡注視一片寬闊無際的天空時，會在視野中央出現像沙漏形狀的微弱黃色圖案。在沒有偏光鏡時，如果我們的頭繞著視軸前後轉動，也可以在藍天看到這個現象。

◆原注：在這堂課講授之後，有證據指出，蜜蜂的眼睛可以直接感受到偏振光。

圖 36-7　昆蟲小眼（複眼的單元）的構造。

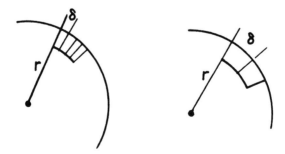

圖 36-8　蜜蜂複眼中，小眼聚集的示意圖。

我們現在來看看蜜蜂眼睛的鑑別率。假如我們畫一些線來代表複眼表面上的小眼（見圖 36-8），假設這個球面的半徑是 r，我們實際上可以用點巧思來**計算**每一個小眼的寬度，並且假設演化過程也像我們這樣聰明！假如我們有一個很大的小眼，它的鑑別率可能不高。換言之，某個小眼從某個方向得到信息，而相鄰的小眼從另一個方向得到另一個信息，以此類推，然而蜜蜂沒有辦法看清楚介於這兩個方向之間的東西。所以蜜蜂眼睛的視覺銳度的不準度必定對應於某個角度，也就是小眼末端所張開的角度，與眼睛曲率中心的角度有關。（當然，眼睛細胞只存在於頭部這個球體的表面；裡面是蜜蜂的頭。）從某個小眼到隔壁小眼之間的這個角度，當然等於小眼的直徑除以整個眼睛表面的半徑：

$$\Delta\theta_g = \delta/r \qquad (36.1)$$

所以我們可以說：「我們讓 δ 愈小，視覺銳度就愈高。那麼為什麼蜜蜂不乾脆用非常非常小的小眼呢？」**答案**是：我們的物理知識足以理解到，假如我們企圖讓光線通過非常細的狹縫，因為繞射效應的關係，我們在某特定方向會看不準確。從幾個不同方向進來的光線，由於繞射，我們得到的光是以 $\Delta\theta_d$ 角度進入，使得

$$\Delta\theta_d = \lambda/\delta \qquad (36.2)$$

此刻我們注意，假如我們讓 δ 變得非常小，每一個小眼就不僅只注視一個方向，因為繞射！如果我們讓小眼的 δ 太大，每小單眼就只看到一個固定的方向，但是卻沒有足夠數目的小眼，使得蜜蜂能夠看到較完整的景象。所以我們調整距離 d，以便把兩個角度的總影響降至最低。假如我們把兩者加在一起，並且找到這個總數的最小值的位置（見圖 36-9），我們得到

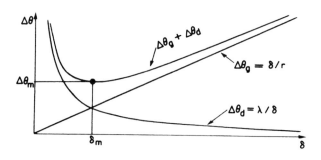

圖 36-9　小眼最適當的大小是 δ_m

$$\frac{d(\Delta\theta_g + \Delta\theta_d)}{d\delta} = 0 = \frac{1}{r} - \frac{\lambda}{\delta^2} \qquad (36.3)$$

由此，我們可以得出一個距離是

$$\delta = \sqrt{\lambda r} \qquad (36.4)$$

假如我們猜測 r 大約是 3 公釐，並且選用蜜蜂所見到的光的波長是 4,000 埃，把兩者放在一起開平方，得到

$$\begin{aligned} \delta &= (3 \times 10^{-3} \times 4 \times 10^{-7})^{1/2}\, m \\ &= 3.5 \times 10^{-5}\, m = 35\,\mu \end{aligned} \qquad (36.5)$$

書上說直徑是 30 μ，因此這個結果非常的接近！所以，很明顯的，這種演算是可行的，而且我們也瞭解到是什麼因素在決定蜜蜂眼睛的大小！而且也很容易把上面的數字放回公式中，以找出蜜蜂眼睛的角鑑別率到底有多好；與我們的眼睛比較起來就差多了。我們可以看到的最小外觀尺寸是蜜蜂看到的三十分之一，與我們相

比，蜜蜂的眼睛只能夠看到朦朧模糊不清的影像。不過，這也沒有什麼不對，牠們的視力就是如此。

我們可能會問，為什麼蜜蜂的眼睛不能發育得像我們的眼睛一樣，也具有晶狀體等等。有幾個非常有趣的原因。首先是蜜蜂的體積太小；假如牠有像我們一樣的眼睛，以牠的尺寸來說，眼睛的開口大約是 30 μ 的大小，那麼繞射會變得非常顯著，因此蜜蜂還是看不清楚。眼睛太小當然不好。其次，假如蜜蜂的眼睛與牠的頭一樣大，那麼眼睛就占據了整個頭部。複眼的妙處就在它不占位子，它僅占蜜蜂體表很薄的一層。所以當我們論述說，蜜蜂的眼睛應該效法人類時，我們必須要記住，蜜蜂也有牠們自己的問題！

36-5 其他種類的眼睛

除了蜜蜂，許多其他的動物也能夠看到色彩。魚、蝴蝶、鳥、以及一些爬蟲類都能夠看到色彩，但是據信大部分的哺乳動物不能分辨色彩。靈長類能看到色彩；鳥類當然能夠看到色彩，而且色彩對牠們非常重要。否則公鳥就不需要擁有那樣色彩燦爛的羽毛了，如果母鳥不能夠分辨的話！也就是說，鳥類所具有的性的演化或「類似行為」的演化，是母鳥能夠辨識色彩的結果。所以下次當我們看見公孔雀，讚嘆牠所展現的色彩是如此燦爛華麗，色彩本身多麼精緻美麗，牠有絕佳審美觀來品賞這些色彩，這時我們可不要再稱讚公孔雀了，而是要感謝**母**孔雀的視覺銳度，以及母孔雀對美麗色彩的辨識能力，因為那才是產生這些美麗景象的原因。

所有無脊椎動物都有不甚發達的眼睛或是複眼，而所有脊椎動物的眼睛構造都與人類眼睛相似，只有一個例外。如果我們講到最高等的動物，我們通常說：「就是我們啊！」但是如果我們保持超

　　然，把自己置身事外，去審視無脊椎動物，然後再思考什麼是最高
等的無脊椎動物，大部分的動物學家都會同意，**章魚**是最高等的動
物！

　　章魚腦部的發育，還有牠的反應等等，在無脊椎動物中都是最
好的。除此之外，牠也具有一種獨立發展出來，完全不同的眼睛，
這非常有意思。章魚的眼睛既不是複眼，也不是眼點：牠的眼睛具
有角膜、眼瞼、虹膜、晶狀體、兩個含水的區域，以及後面有視網
膜，基本上與脊椎動物的眼睛一樣！同一個問題，大自然連續兩次
找到同樣的答案（這一次稍有改進），這是演化史上難得的巧合。
在章魚的例子，還有更令人驚奇的發現，章魚的視網膜也是腦的一
部分，牠的視網膜從胚胎發育出來的方式與脊椎動物一樣，但耐人

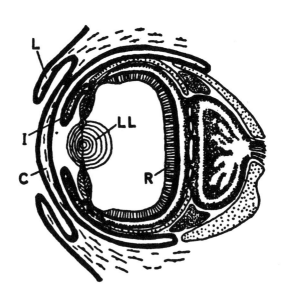

圖 36-10　章魚的眼睛

尋味的差異之處是，章魚視網膜的感光細胞是在**裡面**，而執行計算的細胞在感光細胞的後側，而不像我們的眼睛「裡外顛倒」。因此起碼我們從這裡知道，沒有什麼好理由要裡外顛倒。所以大自然兩嘗試製造眼睛時，烏賊那一次就用了比較直接的方式（見圖 36-10）！世界上最大的眼睛，是大烏賊的眼睛；最大直徑可達 15 英寸！

36-6 視覺神經學

我們討論的主題中，有一個重點是關於眼睛各部分的信息的交互連結。讓我們先來看一下鱟的複眼，這方面已經進行了為數可觀的實驗。

首先，我們必須辨別是什麼樣的信息可以沿著神經傳遞。神經能夠傳送一種擾動，這擾動具有電效應，很容易測量到，這種波狀擾動可以沿著神經傳輸，在另外一端產生效應：另外一端連接的是細長的神經細胞，叫作軸突。它在一端受到刺激時，可以把擾動向另一端傳遞，這種擾動包括波狀的和尖峰（spike）狀的。神經傳遞尖峰狀擾動時，另一個尖峰無法立刻跟進。所有尖峰都是同樣大小，因此當神經受到較強的刺激時，我們不會得到**較高**的尖峰，但是**每秒會有更多數目的尖峰**。尖峰的**大小**由神經纖維來決定。我們要先瞭解這一點，才能夠研究下一步所發生的事情，這非常重要。

圖 36-11(a) 是鱟的複眼：看起來不太像眼睛，大約包括了一千個小眼。圖 36-11(b) 是這個組織的橫截面；我們可以看清楚小眼，神經纖維從小眼一直通到腦部。請仔細看，即使是在鱟的情形，神經之間也只有極少數的交互連結。與人類的眼睛相比，它們沒那麼精巧，因此我們有機會研究比較簡單的眼睛。

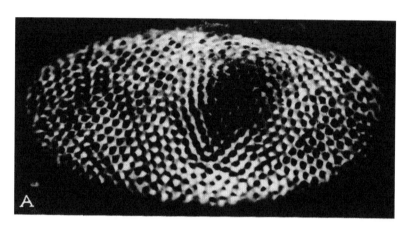

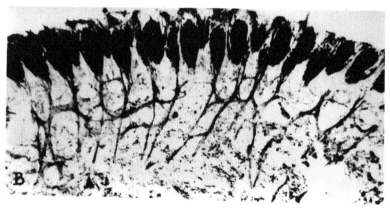

圖 36-11　鱟的複眼。(a) 正面圖；(b) 橫截面。
圖 36-7、36-11、36-12、36-13 經同意後重製，取自
Goldsmith, *Sensory Communications*, W. A. Rosenblith, ed.
Copyright 1961, Massachusetts Institute of Technology 。

　　現在讓我們來看看一些已經完成的實驗，首先是把非常細小的
電極放進鱟的視神經中，然後對著其中一個小眼照光，這用透鏡很
容易就可以做到。假如我們在某一瞬間 t_0 把光打開，同時測量出來
的電脈衝，我們發現一開始稍微延遲了一下，然後接著是一連串快

速的放電，其後逐漸緩慢下來，變成等速率的放電，就像圖 36-12(a) 所示。關掉光源以後，放電立即停止。現在，有趣的是，假如我們把放大器連接到同一條神經纖維上，再用光照射到另一個**不同**的單眼，什麼也不會發生，完全沒有訊號。

我們再做另一個實驗：把光照在原來的那一個單眼上，會得到同樣的反應，但是如果我們現在把光也同時照射到附近的另一個小眼上，脈衝暫時中斷，然後再以低得多的速率繼續下去（圖 36-12(b)）。速率會被來自其他小眼的脈衝所抑制！換言之，每一根神經纖維攜帶來自一個小眼的信息，但是它所攜帶的信息量，會受到其他小眼的訊號所抑制。所以，舉例來說，假如整個複眼受到大致均勻的光照，那麼各個小眼發出信息會相對的轉弱，因為它會受到其他很多信息的抑制。

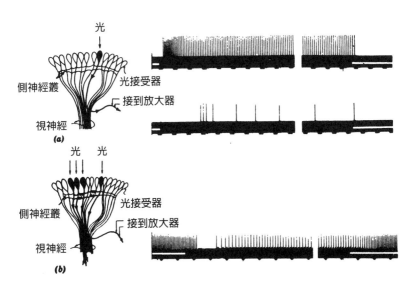

圖 36-12　鱟的眼睛中，神經纖維對光的反應。

　　事實上，這些抑制作用具有相加性質，如果我們把光照在相鄰的幾個小眼上，抑制作用非常大。這些小眼愈靠近，抑制作用愈大，而假如這些小眼彼此離得夠遠，抑制作用幾乎等於零。所以這樣的抑制作用具有相加性質，並且隨著距離而改變；來自眼睛不同部分的信息，被眼睛本身結合在一起，這是第一個例子。

　　假如我們仔細的想一想，或許能夠瞭解到，這樣安排可使物體**邊緣**增強**對比**，因為如果景觀一部分是亮的，另外一部分是暗的，那麼在明亮區域的小眼所放出的脈衝，受到鄰近所有受光照的小眼的抑制，因此變得相當弱。另一方面，在交界處的小眼所傳出的「白」脈衝也同樣會受到鄰近小眼的抑制，但是沒那麼強，因為有些小眼沒受到光照、是黑的，因此信息的淨值比較強，結果類似圖 36-13 的曲線。這隻鱟將會看到加強的輪廓。

　　「輪廓強化」這件事早已為人所知；實際上，心理學家針對這奧妙現象早就有過許多論述。想畫出一個物體，我們只需要先畫出輪廓。我們已經習慣了觀看只有輪廓的圖畫！什麼是輪廓？輪廓只是亮與暗的邊緣，或兩個色彩的交界，它不是什麼具體的東西。信不信由你，不是每一樣物體都有一條線圍繞著它，根本就沒有這種

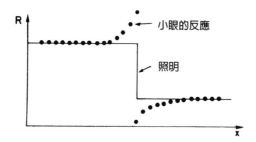

圖 36-13　在照明劇烈改變處，鱟的小眼所產生的淨反應。

線。輪廓只是我們心理上所假想出來的一條線；我們現在逐漸理解，爲什麼這條「線」給我們足夠的線索去推測整個東西是什麼。我們的眼睛應該也以類似的方式在運作——更複雜，但原理相仿。

最後，我們簡單介紹一下，以青蛙所完成的更精確、優秀且先進的研究工作。用非常精巧的細探針插入青蛙的視神經中，對青蛙進行相似實驗，我們可以獲得沿著某特定軸突行進的信息，我們發現就像鱟的例子一樣，信息並不只依靠眼睛中的一個點。而是幾個點上的信息的總和。

有關青蛙眼睛運作的最新認知如下。在青蛙的眼睛中可以找到四種不同的視神經纖維，這意思是說，青蛙的眼睛有四種不同的反應。這些實驗不是利用燈光開關所產生的脈衝來進行的，因爲青蛙看的不是光的變化。青蛙只是坐在那裡，牠的眼球從來不會轉動，除非牠所坐的那片蓮葉晃來晃去，而在那情形下，青蛙眼睛跟著蓮葉晃動，因此影像還是靜止的。青蛙不需要轉動眼球。假如有任何東西進入牠的視野，例如一隻小蟲（青蛙肯定能看到固定背景之中，某個東西的微小動作），就引發四種不同的神經纖維在放電，它們的性質概述於表 36-1 之中。

表 36-1　青蛙視神經纖維的反應種類

種　類	速　率	角視野
1. 持續的邊緣感知（不可抹除的）	0.2 ~ 0.5 公尺／秒	1°
2. 凸邊感知（可抹除的）	0.5 公尺／秒	2° ~ 3°
3. 對比改變感知	1 ~ 2 公尺／秒	7° ~ 10°
4. 減光感知	可達 0.5 公尺／秒	可達 15°
5. 黑暗感知	?	非常大

表中，持續的邊緣感知（不可抹除的）意思是，假如我們把一個帶邊緣的物體放在青蛙的視野之內，那麼當物體移動時，這種神經纖維產生許多脈衝，但是這些脈衝會慢慢轉弱成為一種持續脈衝，只要邊緣還留在那裡，即使它是靜止的。假如我們把燈光熄滅，脈衝停止。如果我們再把燈打開，只要那個邊緣還在視野中，脈衝會再開始，這種脈衝是不可抹除的。

另外一種神經纖維與這非常類似，但是如果邊緣是直的，這種神經纖維就不會運作，必須是具有陰暗背景的凸邊才行。青蛙的眼睛視網膜中的交互連結系統必定很複雜，才能夠知道有一個凸狀表面進入視野來了！而且，雖然這種神經的脈衝可以持續一段時間，但是不像剛才那種神經能夠維持那麼長久，而且假如我們把燈光熄滅、然後再打開，這種脈衝就**不會**再出現。這種脈衝取決於有凸狀表面進入視野。青蛙眼睛看到凸狀表面移過來，然後會記住它就在那裡，然而如果我們暫時把燈光熄掉一下，眼睛立刻忘掉這一回事，再也看不見那個凸狀表面了。

另外一個例子是對比改變的感知。假如有一個邊緣移進、移出，這種神經就可以產生脈衝，但是如果這個物體靜止不動，就沒有這種脈衝了。

接下來是減光感知。如果光強度減弱會產生脈衝，不過假若光強度維持在很弱或很強的情形，就不再產生這種脈衝了；只有在光逐漸減弱時，才有反應。

最後是有一些神經纖維是黑暗感知器，最讓人驚奇的是，它們永遠處於激發狀態中！假若我們把光增強，它們激發得較慢，但是一直維持激發，假如我們把光減弱，它們激發得更快，也是一直維持在激發狀態。在黑暗中，這種神經的激發非常劇烈，不斷的說：「太黑了！太黑了！太黑了！」

　　青蛙視神經纖維的這些反應似乎非常複雜，很難加以分類，而且我們也懷疑這些實驗的結果是否解釋錯誤。但耐人尋味的是，在解剖青蛙時，卻可以很清楚的區分這五大類反應。這些反應被分類之後（重點在於**之後**），我們用其他的方法測量，發現在不同神經纖維上的訊號**速率**都不相同，所以這是另外一種獨立的方法，可以用來檢查我們到底找到了哪一種神經纖維。

　　另外還有一個有趣的問題，在某特定神經纖維上，要用多大的面積來執行計算？答案是每種神經都不相同。

　　圖 36-14 是表示青蛙頂蓋（tectum）的表面，自視神經出來的

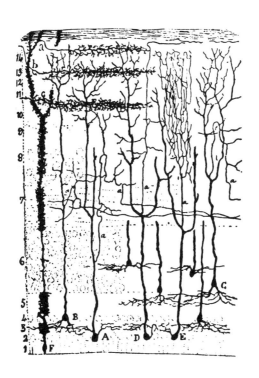

圖 36-14　青蛙的頂蓋

神經在這裡進入腦部。來自視神經的神經纖維的連接處分別位於頂蓋的各層。這種分層的結構與視網膜類似；這就是我們得知道腦部與視網膜非常類似的部分原因。現在，利用一個電極探針依序往下移動，我們就可以找出哪一種視神經在何處結束，結果非常令人稱奇，不同種類的神經纖維結束在頂蓋的不同層。第一種神經結束在第一層，第二種神經在第二層，第三種神經與第五種神經，結束在同一層，最深的是第四種神經。（多麼巧合啊，它們的編號幾乎依照順序！才怪，是我們給它們這樣編號的，第一篇文獻當初的號碼順序就不相同！）

　　我們可以簡單總結一下剛才所學到的：據推測，眼睛有三種色素。光接收器細胞可能有許多種類，各自含有不同比例的三種色素，但是神經有許多交叉連結，藉由神經系統中的相加與強化，容許視覺的相加或相減。所以在我們真正瞭解彩色視覺以前，我們必須要搞清楚到底我們感知到什麼。這個主題尚沒有結論，但是運用微電極等儀器進行研究的人員，或許遲早會提供資訊，讓我們瞭解，我們怎麼看到色彩。

—— 參考文獻 ——

Committee on Colorimetry, Optical Society of America, *The Science of Color*, Thomas Y. Crowell Company New York, 1953.

"Mechanisms of Vision," 2nd Supplement to *Journal of General Physiology*, Vol. 43, No. 6, Part 2, July 1960, Rockefeller Institute Press.

Specific articles:

DeRobertis, E., "Some Observation on the Ultrastructure and Morphogenesisi of Photoreceptors," pp. 1-15.

Hurvich, L. M. and D. Jameson, "Perceived Color, Induction Effects, and Opponent Response Mechanisms," pp. 63-80.

Rosenblith, W. A., ed., *Sensory Communication*, Massachusetts Institute of Technology Press, Cambridge, Mass., 1961.

"Sight, Sense of," *Encyclopaedia Britannica*, Vol. 20, 1957, pp. 628-635.

The *Feynman* 閱讀筆記

閱　讀　筆　記

The Feynman 閱讀筆記